北京理工大学"双一流"建设精品出版工程

Experimental Organic Chemistry
(4th Edition)

有机化学实验
（第4版）

叶彦春　黄学斌　支俊格　姚　波 ◎ 主编

北京理工大学出版社
BEIJING INSTITUTE OF TECHNOLOGY PRESS

内 容 简 介

本书根据国家教育部审定的高等学校化学学科化学实验基本教学内容编写。

全书分为 4 个部分：①有机化学实验的一般知识；②有机化学实验的基本操作，介绍了物理常数测定、化合物分离提取技术、波谱技术、无水无氧操作等实验技术；③基本操作训练，包括 12 个实验，主要训练基本实验技术；④有机化合物的合成及提取，包括 41 个涉及有机化学中有代表性的典型反应和 5 个研究型反应。本书以基础实验为主，也介绍了近年来新的合成方法和技术。书末附有一些常用的数据表及有关知识。

本书可作为化学、应用化学、化学工程与工艺、制药工程、生命科学、环境科学、高分子材料等专业的教材，也可供从事有机化学实验的科研人员参考。

图书在版编目（CIP）数据

有机化学实验 / 叶彦春等主编 . --4 版 . --北京：
北京理工大学出版社，2023.9
　　ISBN 978-7-5763-2913-1

　　Ⅰ.①有⋯　Ⅱ.①叶⋯　Ⅲ.①有机化学-化学实验-
高等学校-教材　Ⅳ.①O62-33

中国国家版本馆 CIP 数据核字（2023）第 182942 号

责任编辑：王玲玲　　　文案编辑：王玲玲
责任校对：刘亚男　　　责任印制：李志强

出版发行 / 北京理工大学出版社有限责任公司
社　　址 / 北京市丰台区四合庄路 6 号
邮　　编 / 100070
电　　话 / (010) 68944439（学术售后服务热线）
网　　址 / http：//www.bitpress.com.cn

版 印 次 / 2023 年 9 月第 4 版第 1 次印刷
印　　刷 / 保定市中画美凯印刷有限公司
开　　本 / 787 mm×1092 mm　1/16
印　　张 / 11.5
字　　数 / 270 千字
定　　价 / 46.00 元

前　言

有机化学实验是化学、化工、环境、生命技术、材料科学等专业本科生重要的基础课之一。通过实验可以培养学生基本的操作技能、严谨的科学素养以及实践创新能力，也能使学生进一步理解并掌握关于有机化学理论知识，为他们日后拓展知识和学习新技术奠定基础。

本教材已经出版 3 版，在原来内容的基础上，本次修订根据有机化学的发展，结合教师的科研成果，加入 5 个研究型实验内容，使学生在锻炼基本实验技能的同时，能了解一些前沿的方法和内容。通过合成实验过程的追踪及产物的表征，结合有机化学理论知识，引导学生去发现问题、分析问题和解决问题，有助于学生更好地理解和掌握有机化学的基本反应及其原理。

本次修订应用新的信息技术，通过二维码将数字化内容引入教材，不再局限于单一的纸质内容。为了训练学生阅读英文操作过程的基本能力，加入了一些用英文表达的实验操作过程。另外，根据现在实验室实验仪器装置的改善，对一些实验的操作细节进行了调整。

CAS SciFinder" 是新一代的科学研究工具，是化学及相关学科智能研究平台。本次修订对 CAS SciFinder" 也做了一些简单介绍。一些国内外其他的文献、文摘、手册、词典和红外光谱、核磁共振谱图集的查阅方法、常用试剂的性质及对健康和环境的影响以及一些常用溶剂的纯化方法、常用溶剂的理化性质仍然保留，以供读者查阅参考。

付引霞老师、王楠老师、安桥石老师在实验操作视频中也做了很多工作，在此一并衷心感谢。

由于编者水平有限，本书不当之处在所难免，恳请读者批评指正。

编　者

目 录

第 1 章

有机化学实验的一般知识

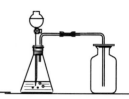

1.1 有机化学实验室的安全

注意：在进行有机化学实验前，必须熟读本节内容。

1.1.1 实验室的一般注意事项

进行有机化学实验必须高度重视实验室的安全问题。在有机化学实验中经常使用各种易燃、易爆、有毒或有腐蚀性的溶剂和试剂，使用不当会发生着火、爆炸、中毒、烧伤、灼伤等事故。此外，电气设备、玻璃器皿、煤气等使用或处理不当也会发生事故。但只要实验者重视安全，认真掌握基本操作，严格执行操作规程，实验时注意力集中，加强安全措施，就能有效地预防事故的发生。因此，对下列事项必须高度重视。

（1）实验前必须做好预习，按要求写好实验预习报告，了解实验中所用药品的性能及危害，对实验中的操作做到心中有数。

（2）实验开始前应仔细检查仪器是否完整无损，装置是否正确妥当。特别注意蒸馏、回流时，体系一定要和大气接通。

（3）实验进行时不能擅自离开，应该经常注意仪器有无漏气、破裂，反应进行是否正常。

（4）易燃、易挥发物品，不得放在敞口容器中加热，存放时应随时盖上塞子。

（5）实验中所用药品，不得随意散失、遗弃。不能混淆各种药品的瓶盖或瓶塞。实验产品应放到回收瓶中。

（6）严禁在实验室吸烟、喝水、进食，保持实验室的整洁与安静。

（7）熟悉实验室安全用具如灭火器、砂箱等的放置地点和使用方法。若发生意外，不要惊慌，采取必要应急措施，并报告老师处理。

（8）实验结束后，妥善关闭水、电、煤气，及时认真洗手。

1.1.2 事故的预防与处理

1. 火灾、爆炸的预防

（1）防火的基本原则是使火源与易燃药品尽可能离得远些，采取种种措施防止有机溶剂的蒸气外逸，有些有机蒸气的相对密度较空气的大，若蒸气外逸，会沿桌面或地面漂移至较远处，或沉积在低洼处，遇火即会引起燃烧或爆炸。下列情况应特别注意：

- 盛有易燃溶剂的容器不得靠近火源。
- 在反应中添加或转移易燃有机溶剂时，应暂时熄灭或远离火源。倾倒后应立即把溶剂瓶盖盖好。
- 切勿用敞口容器存放、加热或蒸除有机溶剂，更不能将易燃溶剂倒入废物缸。
- 回流或蒸馏液体时，必须防止暴沸，保持冷凝水通畅。不能在过热溶剂中加沸石或活性炭，否则会导致液体迅速沸腾，冲出瓶外而引起火灾。
- 蒸馏易燃有机溶剂时，接液管支管应与橡皮管相连，把余气通入水槽或大气。

（2）在常压操作时，切忌组成密闭体系，全套装置应有与大气相通之处。

（3）减压蒸馏时，应使用圆底烧瓶或梨形瓶，不可用锥形瓶，否则会发生炸裂。

（4）某些类型的有机化合物如叠氮化物、炔类化合物、过氧化物、干燥的重氮盐、硝酸酯、多硝基化合物等，具有爆炸性，须严格按照操作规程进行实验。

- 醚类化合物久置会生成易爆炸的过氧化物，需经特殊处理才能使用。蒸馏这类化合物时，切忌蒸干。
- 金属钠、氢化铝锂等在使用时切勿遇水，它们遇水会剧烈燃烧爆炸。

（5）一旦发生火灾，不要惊慌，首先熄灭火源，切断电源，移开其附近的易燃物质。根据情况做如下处理：

- 少量溶剂（几毫升）着火，切勿用嘴去吹，可用湿布盖熄。烧瓶内的溶剂着火，可用石棉网或湿布盖熄。其他小火也可用湿布或黄沙盖熄。
- 火势较大时，对于有机溶剂、油浴等的着火，千万别用水浇，应立即用灭火器，从火的周围开始向中间喷射。
- 衣服着火，切勿奔跑。用厚外衣或防火毯裹紧熄灭或用水冲灭。

2. 预防中毒

许多化合物对人体有不同程度的毒害，在未真正了解一化合物的性质以前，处理时应作为有毒物质对待。

（1）妥善保管，不许乱丢乱放。称量时不要玷污其他地方，用过的器皿应及时清洗。

（2）切勿让毒品接触五官或伤口，对于有些药品，应戴手套操作。

（3）尽量少接触各种有机物质的蒸气，特别是有毒物质的蒸气。

3. 其他事故的预防与处理

（1）在使用电气设备时，应注意插座、电线等是否完好，不要用湿手或手握湿物接触电源插头。

（2）切割玻璃管或玻璃棒时，应注意将切口处锉好，以防折断时割伤。把温度计、玻璃棒、玻璃管插入橡皮塞时，应注意两手不要距离太远，防止玻璃折断而割伤。

（3）试剂灼伤的处理。

- 酸：立即用大量水冲洗，再以 3%~5% 碳酸氢钠溶液洗，最后用水洗。
- 碱：立即用大量水冲洗，再以 2% 醋酸洗，最后用水洗。
- 溴：立即用大量水冲洗，再用酒精擦至无溴液为止，然后涂上甘油或烫伤膏。

4. 有毒废物的处理

无论是考虑到整个社会环境的污染问题，还是实验室小环境的污染，实验中产生的废物的处理都是至关重要的。

有机实验室中的固体废物一般包括沸石、火柴梗、活性炭、干燥剂、色谱用固定相（如硅胶等）、用过的滤纸、打破的仪器等。如果确定没有有毒的物质附着在上面，可以作为无毒的废物处理。如果滤纸或硅胶等粘有有毒或有腐蚀性的物质，不要随意扔掉，经教师指导处理后再扔掉。

切记不要随意将实验室的水溶液倒入水槽中。 在处理废水溶液之前，一定要确定溶液体系没有酸性、碱性或者有毒的物质。对于酸碱物质，可以在倾倒前中和至中性。若存在有毒物质，则应暂时收起来等待进一步的处理。

有机溶剂是有机化学实验室里最常用到的，对有机溶剂的处理也是实验室废物处理的一个主要问题。有机溶剂通常都是易燃、易爆物，如果不妥善处理，会引起事故。**切忌将有机溶剂随意倒入水槽中，应当将溶剂倒入指定的回收容器中。** 实验室一般应准备两个溶剂回收器，一个用来盛放烃类及不含氯的溶剂，另一个则用来装含氯的溶剂。如果容器已满，应当向教师报告，不要随意将废液倒入水槽中。

1.2 有机化学实验常用玻璃仪器简介

1.2.1 常用玻璃仪器

表 1 - 1 列出了有机化学常用玻璃仪器的用途。

表 1 - 1 有机化学实验常用玻璃仪器的用途

仪器名称		应用范围	备　注
单口圆底烧瓶 round-bottom flask		用于反应、回流加热及蒸馏	
三口圆底烧瓶 three-neck round-bottom flask		用于反应，各个瓶口应分别安装搅拌棒、回流冷凝管、滴液漏斗及温度计等	
二口圆底烧瓶 two-neck round-bottom flask			

仪器名称		应用范围	备　注
梨形瓶 pear-shaped flask		一般用于减压系统，如减压蒸馏、旋转蒸发等	
球形冷凝管 reflux condenser		用于回流的冷凝管	
直形冷凝管 west condenser		用于蒸馏的冷凝管	
空气冷凝管 air-cooled condenser		当被蒸馏的液体沸点高于 140 ℃时，用空气冷凝管	
分馏柱 fractionating column		用于分馏多组分化合物	
水分离器 trap for water		用于反应中需要及时除去水的体系	
蒸馏头 distillation head		用于蒸馏，与圆底烧瓶等容器连接	

续表

仪器名称		应用范围	备注
接收管 adapter		用于常压蒸馏,与冷凝管相连	
克氏蒸馏头 claisen head		用于减压蒸馏,与圆底或梨形烧瓶连接	
单口接收管 vacuum adapter		用于减压蒸馏、常压蒸馏,与冷凝管相连	
三叉燕尾管 swallowtail-shaped vacuum adapter		用于减压蒸馏,与冷凝管相连	
滴液漏斗 addition funnel		用于向反应体系滴加液体	活塞处要涂凡士林,盛碱性溶液后要充分洗干净
恒压滴液漏斗 pressure-equalized addition funnel		向反应体系内滴加液体,尤其是反应体系有一定压力时,用此漏斗可以顺利滴加	

续表

仪器名称		应用范围	备注
分液漏斗 separatory funnel		用于溶液的萃取及分离	活塞处要涂凡士林，分离碱性溶液后，要充分洗干净
吸滤瓶 filter flack		用于减压过滤	瓶壁较厚，切勿用火直接加热
布氏漏斗 büchner funnel		用于减压过滤	
吸滤试管 filter tube		用于微量、半微量固体的减压过滤	
吸滤漏斗 hirsch funnel		用于微量、半微量固体的减压过滤	
漏斗 funnel		用于常压过滤	
短颈漏斗 （固体漏斗） powder funnel		用于向体系中加固体	

续表

仪器名称		应用范围	备注
干燥管 drying tube		内装干燥剂，在无水反应体系中，用来隔绝大气中的水汽	U 形、弯形两种
锥形瓶 erlemeyer flask		用于储存液体、混合溶液及加热少量液体	不能用于减压蒸馏
烧杯 beaker		用于溶液混合及转移，有时也用来加热或浓缩水溶液	不能用来直接加热易燃、易爆的有机液体
提勒管（b 形管） thiele tube		用于测熔点	内装浓硫酸、硅油、石蜡油等
量筒 graduated cylinder		用于量取液体	不能用火加热，不能用强碱性洗液洗涤
Y 形管 Y-tube		磨口仪器连接管	
磨口塞（空心塞） stopper		磨口容器的塞子	14#、19#、24#等规格
变口塞 reduction/ expansion adapter		两个容器的接口不相配时，用变口塞连接	

使用玻璃仪器应注意以下事项：

- 轻拿轻放，并应握在适当位置，避免折断。
- 除试管外，其他玻璃仪器都不能直接加热，以防炸裂。厚壁玻璃器皿如吸滤瓶不耐热，不能直接加热。
- 广口容器（如烧杯）不能用于存放有机溶剂，以防溶剂挥发而造成火灾。
- 温度计用后要缓慢冷却，不可直接用水冲洗，以防炸裂；不能把温度计当搅拌棒使用；不能用于测量超过其刻度范围的温度。
- 带活塞的仪器使用时应在活塞上涂一层薄薄的凡士林，以免漏液。使用后洗净，并在活塞与磨口间垫上纸片，以免久塞后粘住。不要把活塞塞好后放入烘箱内干燥，这样取出后常会粘住。

现在有机化学实验室中，标准口玻璃仪器的使用已十分普遍，这样可以免去配塞和打孔等步骤，又可避免软木塞或橡皮塞污染反应物或产物。由于仪器容量大小和用途不同，有各种不同规格型号的标准口。常用的标准磨口的型号有 10、14、19、24、29 等，表示磨砂口最大端直径的毫米数。相同型号的内外磨口可以紧密相连。不同型号的可借助磨口接头相连。使用标准口仪器应注意以下几点：

（1）磨口必须清洁，不粘着固体杂物，否则磨口对接不紧密，导致漏气。硬的固体颗粒还易损坏磨口。

（2）用后立即拆卸清洗。若长时间连接放置，可能会导致连接处粘连，不易拆开。

（3）一般使用时，不必在磨口处涂抹凡士林，以免污染反应物或产物。但当反应中使用强碱或加热时，则应涂抹少量凡士林等润滑剂，以免因碱性腐蚀或高温作用使磨口粘连，无法拆开。减压蒸馏时，磨口应涂真空脂，防止漏气。

（4）安装仪器时，磨口对接角度要合适，否则磨口会因倾斜应力的作用而破裂。

（5）分液漏斗、滴液漏斗等有磨口活塞的仪器，**长时间不用时，其活塞处应垫张纸条，防止粘连；分离完碱性液体，应及时将活塞洗涤清理，以免活塞粘连。**

1.2.2 玻璃仪器的清洗与干燥

使用清洁的仪器是实验成功的先决条件，也是一个化学工作者必备的良好素质。仪器用完后应立即清洗。其方法是：反应结束后，趁热将仪器磨口连接处打开，将瓶内残液倒入废液缸。用毛刷蘸少许清洁剂洗刷器皿的内部和外部，再用清水冲洗干净。注意，不要让毛刷的铁丝摩擦磨口。这样清洗的仪器可供一般实验使用，若需要精制产品或供分析使用，则还需用蒸馏水摇洗几次，洗去自来水带入的杂质。

遇到难以清洗的残留物时，根据其性质用适当溶剂溶解。如果是碱性物质，可用稀硫酸或稀盐酸溶液溶解；若是酸性物质，可用稀氢氧化钠溶液浸泡溶解。常用的比较有效的洗液及洗涤方法有：

（1）铬酸洗液。这种洗液氧化能力很强，对有机污垢破坏力很大，可洗去炭化残渣等有机污垢。铬酸洗液的配制方法：在一个 250 mL 烧杯中，把 5 g $K_2Cr_2O_7$ 溶于 5 mL 水中，然后边搅拌边慢慢加入浓硫酸 100 mL，混合液温度逐渐升高到 70 ℃ ~80 ℃，待混合液冷却至约 40 ℃ 时，倒入干燥的磨口严密的细口试剂瓶中保存。铬酸本身呈红棕色，若经长期使用，洗液变成绿色时，表示已失效。

（2）盐酸。可以洗去附着在器壁上的二氧化锰或碳酸盐等污垢。

（3）碱液洗涤剂。可配成氢氧化钠（钾）的乙醇浓溶液，用以清洗油脂和一些有机物（如有机酸）。

（4）有机溶剂洗涤液。对于不溶于酸碱的物质，可用合适的有机溶剂溶解，**清洗后的有机溶剂应倒入指定的回收瓶中，不准倒入水槽或水池中**。但必须注意，不能用大量的化学试剂或有机溶剂清洗仪器，这样不仅造成浪费，而且还会发生危险。工业酒精常常是洗涤有机污垢的良好洗涤液。由于有机溶剂价值较高，同时存在一定的危险性，只在特殊条件下可使用。

（5）超声波清洗器。有机实验中常用超声波清洗器来洗涤玻璃仪器，其优点是省时又方便。只要把用过的仪器放在含有洗涤剂的溶液中，接通电源，利用超声波的振动和能量，即可达到清洗仪器的目的。

上述方法清洗过的仪器，再用自来水冲洗干净即可。器皿是否清洁的标志是：加水倒置，水顺着器壁流下，内壁被水均匀润湿，有一层既薄又均匀的水膜，不挂水珠。

干燥仪器的最简单的方法是倒置晾干或倒置于气流烘干器上烘干。对于严格无水实验，可将仪器放到烘箱中进一步烘干。但要注意，带活塞的仪器放入烘箱时，应将塞子拿开，以防磨口和塞子受热发生黏结。急待使用的仪器，可将水尽量沥干，然后用少量丙酮或乙醇摇洗，回收溶剂后，用吹风机吹干。先用冷风吹 $1 \sim 2$ min，再换热风吹，吹干后，再用冷风吹，以防热的仪器在自然冷却过程中在器壁上凝结水汽。（**注意：不宜把带有有机溶剂的仪器直接放入烘箱中，也不宜先用热风吹。**）

1.2.3 玻璃仪器塞子的配置和钻孔

为使各种仪器连接装配成套，如果没有标准口仪器，就要借助于塞子。塞子的大小应与所塞仪器颈口相吻合，一般塞子进入颈口的部分不能少于塞子本身高度的 1/3，也不能多于 2/3，如图 1-1 所示。

实验室使用的塞子一般有软木塞及橡皮塞。软木塞价格低廉，不易被有机溶剂溶胀，但密封性不好。橡皮塞虽然存在易被有机溶剂溶胀的缺点，但是密封性好，在一些反应体系中经常用到。

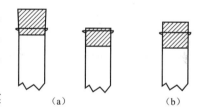

图 1-1 塞子的选择
（a）不正确；（b）正确

为了使不同仪器相互连接，需要在塞子上打孔。在橡皮塞上钻孔时，所选用打孔器的口径应与要插入的管子或温度计的口径相仿。钻孔时，应缓慢均匀，多转几圈，不要用力推入，否则钻出的孔很小，很难将管子插进去。

当把温度计或玻璃管插入塞子时，应涂一些水或者甘油加以润滑。手握住玻璃管接近塞子的地方，均匀用力慢慢旋入塞子孔内，如图 1-2 所示；不可握得离塞子太远，否则容易折断玻璃管（或温度计），甚至造成割伤事故。必要时，可用布包住玻璃管慢慢旋入。如果孔偏小，可用三角锉适当扩孔。

1.2.4 实验室中的金属器具

常见的实验室中的金属器具如图 1-3 所示。

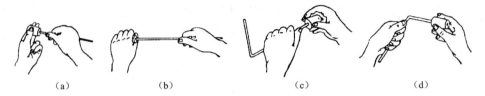

图1-2　玻璃管（或温度计）与塞子的连接方法
（a）、（c）正确；（b）、（d）不正确

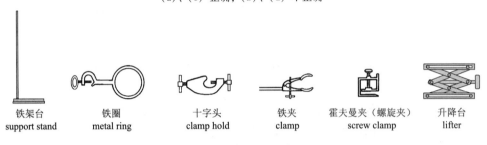

铁架台　　　铁圈　　　　十字头　　　　铁夹　　　霍夫曼夹（螺旋夹）　　升降台
support stand　metal ring　clamp hold　　clamp　　screw clamp　　　lifter

图1-3　常用金属器具

1.2.5　仪器装置的安装

有机化学实验使用的仪器较多，并且几件仪器可以组合为一套实验装置。仪器的安装是有机化学实验的一项基本操作，安装不正确，会直接影响实验的进行，甚至会破坏仪器，发生事故。

安装一套实验装置时，首先根据热源的高低确定蒸馏瓶的位置，将玻璃仪器用铁夹由下而上、由前往后依次固定在铁架台上。铁架台应面向外放置，固定铁夹的十字头缺口向上，如图1-4所示。铁夹的双钳应贴有橡皮、绒布等软性物质，或套上一小段橡皮管。铁夹夹

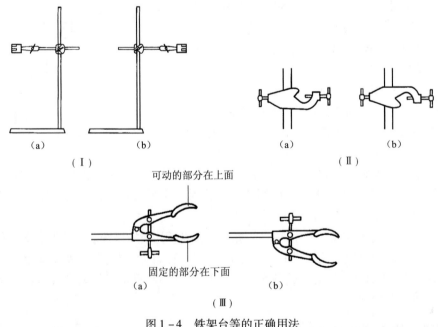

可动的部分在上面

固定的部分在下面
（a）　　　　　　（b）
（Ⅲ）

图1-4　铁架台等的正确用法
（Ⅰ）、（Ⅱ）、（Ⅲ）正确、错误使用方法对照
（a）正确；（b）错误

住仪器要不松不紧，太松装置不牢固，太紧容易损坏仪器，仪器可以稍稍松动一点为好。整套仪器的重心应尽可能低，安装的仪器要整齐、端正、稳妥、接口严密。

1.3　有机化学实验常用的其他仪器设备

1.3.1　循环水多用真空泵

循环水多用真空泵是以循环水作为流体，利用射流产生负压的原理而设计的一种新型多用真空泵，广泛用于蒸发、蒸馏、结晶、过滤、减压、升华等操作中。由于水可以循环使用，避免了直接排水，节水效果明显。循环水泵一般用于对真空度要求不高的减压体系中。图 1 - 5 是水泵的外观示意图。

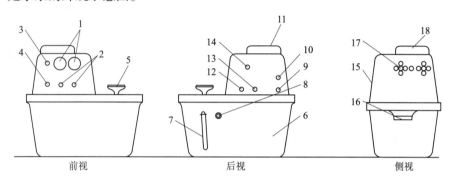

图 1 - 5　循环水泵外观示意图

1—真空表；2—抽气嘴；3—电源指示灯；4—电源开关；5—水箱上盖手柄；6—水箱；7—放水软管；
8—溢水嘴；9—电源线进线孔；10—保险座；11—电风机罩；12—循环水出水嘴；13—循环水进水嘴；
14—循环水开关；15—上帽；16—水箱把手；17—散热孔；18—电风机罩

使用循环水泵时的注意事项：

（1）真空泵与体系之间应当接一个缓冲瓶，以免在停泵时，水被倒吸入体系中，污染体系。

（2）开泵前，应检查泵是否与体系接好（一定要用耐压橡皮管），然后打开缓冲瓶上的活塞。开泵后，用缓冲瓶上的活塞调节所需要的真空度。关泵时，先打开缓冲瓶上的活塞，拆掉与体系的接口，再关泵。

（3）经常补充和更换水泵中的水，以保持水泵的清洁和真空度。如果水温较高，可以采用加冰的方法，降低水温以提高真空度。

1.3.2　油泵

油泵也是实验室常用的减压设备。油泵常在对真空度要求较高的场合下使用。油泵的效能取决于泵的结构及油的好坏（油的蒸气压越低越好），好的真空油泵能达到 10 ~ 100 Pa 以上的真空度。油泵的结构越精密，对工作条件要求越高。在用油泵进行减压蒸馏时，溶剂、水和酸性气体会造成对油的污染，使油的蒸气压增加，真空度降低，同时这些气体可以引起泵体的腐蚀。为了保护泵和油，使用时应注意做到：

（1）定期检查，定期换油，防潮防腐蚀。

（2）在泵的进口处安装保护装置，如装有石蜡片（吸收有机物）、硅胶（吸收微量的水）、氢氧化钠(吸收酸性气体)、氯化钙(吸收水汽) 的吸收塔以及冷却阱(冷凝低沸点杂质)。油泵的保护装置如图 1-6 所示。

1.3.3 气流烘干器

气流烘干器是一种用于快速烘干仪器的设备，如图 1-7 所示。使用时，先将仪器清洗干净，甩掉多余的水分(注意，烘干时仪器不能带有太多的水，否则会使烘干机短路)，然后将仪器套在烘干器的多孔金属管上。气流烘干器不宜长时间使用，以免烧坏电动机和电热丝。

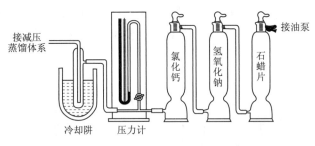

图 1-6　油泵的保护装置

图 1-7　气流烘干器示意图

1.3.4 旋转蒸发仪

旋转蒸发仪(图 1-8)可以用来回收、蒸发有机溶剂。它利用一台电动机带动蒸馏瓶旋转。由于蒸馏器在不断旋转，可免加沸石而不会暴沸。同时，由于不断旋转，液体附于蒸馏器的壁上，形成一层液膜，加大了蒸发的面积，使蒸发速度加快。使用时应注意：

（1）减压蒸馏时，当温度高、真空度低时，瓶内液体可能会暴沸。此时应降低真空度，以便平稳地进行蒸馏。

（2）停止蒸发时，先停止加热，再停止抽真空，最后切断电源停止旋转。

1.3.5 电动搅拌器

电动搅拌器一般在常量有机化学实验的搅拌操作中使用。仪器由机座、小型电动机和变压调速器几部分组成，适用于一般的油性或水性液体的搅拌。电动搅拌器如图 1-9 所示。

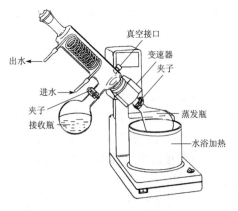

图 1-8　旋转蒸发仪

图 1-9　电动搅拌器

1.3.6　电磁搅拌器

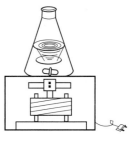

将一根用玻璃或聚四氟乙烯封闭的软铁做磁子，投入反应瓶中，反应瓶固定在电磁搅拌器的托盘中，托盘下方安置有旋转磁场，当接通电源后，由于旋转磁场转动，引起磁场变化，带动容器内的磁子转动，起到搅拌的作用。一般电磁搅拌器都附有加热、调温和调速装置。这种搅拌器使用简单、方便，常用在小量和半微量实验中。电磁搅拌器如图 1-10 所示。

图 1-10　电磁搅拌器

1.3.7　电热套

用玻璃和石棉纤维织成套，在套内嵌进镍铬电热丝制成的电加热器。玻璃和玻璃纤维具有隔绝明火的作用，在加热和蒸馏有机物时不易起火，使用比较安全。加热最高温度可高达400 ℃。可根据圆底容器的大小选择不同规格的电热套，其大小从 50 mL 到 5 L 不等。常见的电热套如图 1-11 所示。

图 1-11　常见的电热套

1.4　有机化学实验常用溶剂

在有机合成的过程中，有机溶剂起着重要的作用。溶剂可以用在反应阶段，使反应试剂溶解在一个均相体系中，以利于反应的进行。在产物的分离提纯阶段，如萃取、洗涤、重结晶、色谱分离等，都要用大量的有机溶剂。残留在反应瓶上的一些特殊性质的有机物，有时也需要用有机试剂洗涤。在有机合成中，常用的溶剂种类见表 1-2。

表 1-2　有机化学实验常用溶剂的种类

化合物种类	常 用 溶 剂
饱和脂肪烃类	石油醚、戊烷、己烷、环己烷等
芳香烃类	苯、甲苯、二甲苯
卤代烃类	二氯甲烷、氯仿、四氯化碳
醇类	甲醇、乙醇、1-丙醇、2-丙醇、1-丁醇
醚类	乙醚、二丁醚、四氢呋喃、1,4-二氧六环

化合物种类	常 用 溶 剂
酮类	丙酮、2-丁酮
酯类	乙酸乙酯
含氮的试剂	硝基苯、甲酰胺、N,N-二甲基甲酰胺（DMF）、乙腈、吡啶
含硫的试剂	二甲亚砜（DMSO）

市售的有机溶剂有工业纯、化学纯和分析纯等各种规格。在有机合成中，通常根据反应特性来选择适宜规格的溶剂，以便使反应顺利进行而又不浪费试剂。但对某些反应来说，对溶剂的纯度要求特别高，即使只有微量有机杂质和痕量水的存在，常常也会对反应速度和产率产生很大的影响，这时就需对溶剂进行纯化，在使用前对溶剂进行除杂、除水的处理。此外，在合成中如需用大量纯度较高的有机溶剂，考虑到分析纯试剂价格高昂，也常常用工业纯级的普通溶剂自行精制后供实验室使用。一些主要溶剂的纯化方法见附录四。

在有机合成反应中，溶剂的选择首先要考虑反应物及产物的性质。根据反应物及产物的性质如极性等，选择合适的溶剂。用于分离提纯的溶剂，还要考虑其挥发性，应选择那些容易除去的试剂。常用溶剂的性质见附录五。

另外，由于大多数常用的有机试剂对人体健康及环境有一定的危害，因此，在应用各种有机溶剂时，不仅要了解它们的物化性质，还要掌握它们对人体健康及环境的危害，在应用时尽量降低或消除由溶剂带来的不良影响。下面主要介绍经常遇到的有机试剂对人体及环境的影响。

1.4.1 烃类化合物

简单的烷烃如戊烷或己烷，以及煤油、松油等复杂的烷烃都是油脂等非极性有机化合物的有效溶剂。这些烃类化合物一般既具有挥发性又易燃，它们不仅有发生火灾的危险性，而且它们的挥发性也会导致这些烃类物质很容易被吸入人体。因此，长期接触或偶然大量吸入，都会对人体造成危害。其中对肺的损害是最普遍的。如果长期滥用烃类吸入剂，会产生心脏病、小脑萎缩、痴呆等症状。偶然大量吸入后，会由于心脏功能紊乱而导致死亡。

烃类的挥发性对环境的影响也是一个非常重要的问题。烃类挥发到空气中，由于其不溶于水，所以空气中的烃类不能被雨水带走。在紫外光的作用下，与 NO 作用，产生 NO_2 等物质，产生阴霾天气，对人体及环境造成危害。

1.4.2 卤代烃类

卤代烃类是一类非常有效、广泛应用的溶剂。除了氯甲烷由于其沸点低常温下是气体，不能用作溶剂外，其他甲烷的氯代物都是有效的溶剂。1,1,1-三氯乙烷、二氯乙烷和四氯乙烷等也经常被用来当作去油剂和干洗剂等，因为它们对大多数有机物都具有很好的溶解性，且具有易挥发、闪点低、不易残留等特点。作为溶剂，卤代烃除了具有这些优点，同时也是一类对人体及环境有很大危害的化合物。首先，由于这些卤代烃的挥发性较大，和烃类化合物一样，大量吸入或长期接触会对中枢神经系统、肾、肝、心脏和免疫系统有不良影响。其次，由于卤代烃的强大的溶解能力，与皮肤接触，容易产生皮炎或皮肤过敏。另外，卤代烃类也可能是致癌、致畸的物质。

1.4.3　芳香化合物

苯、甲苯、二甲苯、硝基苯及苯腈等芳香族化合物是广泛应用的溶剂。但是，其中大多数的挥发性都很大，每种物质都对人体有一定的损害。短期接触会出现与烃类化合物类似的症状，长期接触会引起肝及免疫系统的功能紊乱，并且与白血病等血液病有关。另外，苯也已确定是致癌、致畸物质。通过苯的生物循环研究发现，苯是经过人体肝的氧化而降解的，在这一过程中，会产生一种醛类代谢物(2,4-己二烯二醛)，这种物质活性很高，可以与DNA和蛋白质以共价键作用，已经可以确定此类醛是一种致癌物质。

苯会通过各种各样的途径进入环境，其中主要是作为燃料(汽油中苯的质量分数通常为1%)，由于自然挥发，不完全燃烧及在燃烧过程中，其他烃类转化而成的苯进入大气环境中。苯及其他芳香物在大气中可以很快被自然存在的一些微生物分解，不过如果是在无氧环境(如土壤中)，其分解速度会大大降低。大气中的芳香化合物会与大气中其他组分在太阳光的作用下产生的羟基自由基反应，产生苯酚等一些对人体及环境有害的物质。

1.4.4　醇类

甲醇、乙醇、正丙醇和异丁醇都是广泛应用的溶剂，它们虽然也容易挥发，且易燃，不过它们对人体的危害相对较小。在高浓度醇蒸气环境里或长期在醇蒸气环境里工作，眼睛会受到刺激，也会有头疼、疲乏、注意力不集中等中枢神经系统的反应。

1.4.5　醚类

乙醚、四氢呋喃等醚类是有机反应中经常遇到的溶剂，它们可以很好地溶解各类有机物，也容易通过蒸馏除去。但是，它们的高挥发性使它们存在燃烧爆炸的危险。另外，醚类长期储存会产生不稳定的过氧化物，从而产生爆炸危害。对人体的危害主要是长期接触会引起皮炎、麻醉等反应，四氢呋喃可能对肝造成损害。醚类对环境的影响最近也显现出来。以甲基叔丁基醚为例，它用来替代四乙基铅，作为汽油添加剂，使燃料燃烧完全。最近研究发现，甲基叔丁基醚广泛存在于地下水，包括饮用水。除了带来讨厌的味道外，长期摄入也会对身体带来危害。

1.4.6　非质子极性溶剂

酮类(包括丙酮和2-丁酮等)、乙腈、N,N-二甲基甲酰胺(DMF)、二甲亚砜(DMSO)及六甲基膦三酰胺(HMPA)都是非质子极性溶剂，由于它们的溶解能力极强，被广泛应用于各种化学反应。酮类的毒性相对较低，对人体的损害与醚类类似。它们的挥发性使它们容易燃烧，也容易挥发到大气中。乙腈会抑制细胞呼吸并削弱其功能，接触高浓度的乙腈，会导致死亡。更可怕的是，它的损害不会立即显现出来。DMF对肝、肾及生殖功能也有不良影响。另外，由于DMF的溶解能力很强，也加大了其溶解的有毒物质通过皮肤进入体内的可能。DMSO也会增加皮肤吸收有毒物质的概率，长期接触也会造成皮肤过敏、皮炎，肝损害等问题。HMPA的挥发性不是很强，但是也会对肺、肾和中枢神经系统有影响。

在选择溶剂时，要从性质及危害两方面考虑，尽量选择毒性低、对人体环境影响较小的试剂。一般醇类、酮类、酯类及某些饱和烃类及非质子极性试剂相对毒性较小，而芳香烃及卤代烃的毒性较大，应尽量避免使用。

1.5　实验预习、记录和实验报告

1.5.1　实验预习

在每次实验前，必须对要做的实验充分预习。要明白实验原理（包括反应原理、分离原理），知道每一步操作的目的，并且对反应中可能出现的问题做到心中有数。对实验中要用到的仪器、装置及药品，必须充分了解它们的性能。对实验中具体操作的关键点必须牢记。每次实验前必须准备一个预习报告，对实验过程有一个统筹安排，在实验时才能做到胸中有数、井然有序。

预习报告包括：

（1）原料、产品的主要理化性质及特点（如熔点、沸点、密度、腐蚀性、毒性等）。

（2）熟悉本次实验所用的仪器装置及搭建装置的注意事项，能够画出装置草图。

（3）熟悉整个实验的实验步骤，了解每步操作的作用及实验成败的关键步骤。

（4）实验中可能存在的危险及预防措施。

1.5.2　实验记录

实验过程中，必须对反应的全过程进行仔细观察，如实记录反应中出现的各种现象，如反应颜色的变化，有无沉淀及气体的出现，固体的溶解情况，加热温度及加热前后反应的变化等。同时也记录加入原料的物态、颜色和用量，以及产品的颜色、物态、熔点、沸点和产量等。记录时，要与操作步骤一一对应，内容简明扼要，条理清楚。记录要写在固定的记录本上，不能随意乱记。

1.5.3　实验报告

在实验完成后，要求同学写出实验报告，总结已进行过的实验工作，分析遇到的问题，把结果进行归纳总结。这样既有助于把直接的感性认识提高到理性认识，巩固已取得的收获，同时也是撰写科研论文的基本训练。

实验报告的内容包括以下几项：

（1）目的；

（2）原理（包括反应原理和操作原理）；

（3）试剂规格及用量；

（4）装置图；

（5）步骤及现象；

（6）产品的产量、产率及状态（颜色、晶形等）；

（7）回答问题及成败分析。

1.5.4 实验产率的计算

制备得到的产物应装入已知质量的样品瓶中，液体产物应装入细口瓶中，固体产物一般装入广口瓶中，算出产物的质量。产物瓶贴上标签，注明产物的名称、沸点（或熔点）范围、产量、产率、姓名和日期。

在有机制备中，产率的计算如下

$$产率 = \frac{实际产量}{理论产量} \times 100\%$$

理论产量是指根据反应方程式，原料全部转变为产物的数量。实际产量是指实验中得到的纯品的数量。

例如：用 20 g 环己醇获得 12 g 环己烯，试计算百分产率。

反应式为

$$\overset{\text{OH}}{\bigcirc} \xrightarrow[\triangle]{\text{H}_2\text{SO}_4} \bigcirc + \text{H}_2\text{O}$$

相对分子质量为　　　　100　　　　　82

反应物环己醇的物质的量为

$$20/100 = 0.2 \text{（mol）}$$

从反应式可知 1 mol 环己烯可以生成 1 mol 环己醇，本实验理论上能生成的环己烯的质量为

$$0.2 \times 82 = 16.4 \text{（g）}$$

实际产量为 12 g，所以产率为

$$\frac{12}{16.4} \times 100\% = 73\%$$

为了提高产率，往往增加某些反应物的用量，这时应以用量少的反应物为基准计算产率。例如，以正丁醇为原料制备 1-溴丁烷。

	$n-\text{C}_4\text{H}_9\text{OH}$	$+$	NaBr	$+$	H_2SO_4	$\longrightarrow$	$n-\text{C}_4\text{H}_9\text{Br}$	$+$	$\text{NaHSO}_4 + \text{H}_2\text{O}$
	74 g		103 g		98 g		137 g		
	1 mol		1 mol		1 mol		1 mol		
投料量	16.2 g		26.1 g		40.2 g				
	0.22 mol		0.26 mol		0.41 mol				

其中正丁醇的用量最少，应作为理论产量计算的基准。0.22 mol 的正丁醇能产生 0.22 mol 的 1-溴丁烷。

即理论产生的 1-溴丁烷的质量为

$$0.22 \times 137 = 30.1 \text{（g）}$$

如果实验产量为 21 g，则产率为

$$\frac{21}{30.1} \times 100\% = 70\%$$

1.6 有机化学实验室常用的工具书

查阅化学文献是化学科学研究的重要组成部分，也是化学实验要求的基本功。对于化学实验的初学者，应当了解各种化学文献，初步掌握一些查阅文献的方法。化学文献主要包括期刊、专利、书籍、文献索引物及网络上的各种文献。下面介绍一些常用工具书及计算机文献检索的途径。

1.6.1 期刊

期刊是定期出版的刊物。目前出版的化学化工期刊约有 1 万多种。

国内出版的与有机化学有关的期刊有：《中国科学 B 辑》《化学学报》《有机化学》《高等学校化学学报》以及 *Chinese Chemical Letter*、*Chinese Journal of Chemistry* 等。

国外出版的与有机化学有关的期刊有：*The Journal of American Chemical Society*（美国化学会志，J. Am. Chem. Soc）、*The Journal of Organic Chemistry*（有机化学，J. Org. Chem.）、*Angewandte Chemie International Edition*（德国应用化学，Angew. Chem. Inter. Ed.）、*Tetrahedron*（四面体）、*Tetrahedron Letters*（四面体通讯，Tetrahedron Lett.）、*Tetrahedron Asymmetric*（四面体不对称，Tetrahedron Asym.）、*Chemical Communications*（化学通讯，Chem. Commun.）。

1.6.2 手册与丛书

（1）*CRC Handbook of Chemistry and Physics*。这是一本英文的化学与物理手册，于 1913 年出版，定期再版。其是实验工作必备的工具书。内容分六个方面：

A 部　数学用表，例如基本数学公式、度量衡的换算等；

B 部　元素和无机化合物；

C 部　有机化合物；

D 部　普通化学，包括二组分和三组分恒沸混合物、热力学常数、缓冲溶液的 pH 等；

E 部　普通物理常数；

F 部　其他。

在 C 部共列有约 1.5 万个有机化合物的物理常数，表中的有机物用 IUPAC 命名，以母体名称的英文字母顺序排列，再按取代基字序编排，书中附有分子式索引。

（2）*Beilstein's Handbuch der Organishen Chemie*。一般称之为 Beilstein 手册（贝尔斯坦手册），以纪念它的第一个编者。Beilstein 手册是一种多卷本手册，它列出了大量的已知的有机化合物，连同它们的物理性质、制备方法、化学性质和任何其他可以采用的信息。对于所有信息，提供了最初的文献来源以供参考。该基本版本（Hauptwerk，H）涵盖从开始至 1909 年的有机化学文献。从 1938 年以来，已出版了系列补编。第一补编（Erstes Ergänzungswerk，EI），包括 1910—1919 年的有机化学文献，其编排与正编（Hauptwerk）的编排平行。第二补编（Zweites Ergänzungswerk，EII），包括 1920—1929 年的文献。正编和头两个补编列入了至 1929 年已知的每个有机化合物。第三补编（Drittes Ergänzungswerk，EIII），包括 1930—1949

年的文献及许多较近的参考文献。1972 年开始出版第四补编（Viertes Ergänzungswerk，EⅣ），它包括 1950—1959 年的化学文献。从 1974 年出版的第 17 卷开始，第三和第四补编同时出版，成为第三、四补编合订本，它包括了 1930—1959 年的文献。第五补编收集 1960—1979 年的文献，并开始改用英文出版。各类历次版本所收录文献的期限见表 1−3。

表 1−3　Beilstein 手册的历次版本和收录文献期限

编　号	代　号	卷　数	收录文献期限	所用语种	书脊书标上的颜色
正编	H	1～31	1910 年以前	德语	绿
第一补编	EⅠ	1～27	1910—1919 年	德语	红
第二补编	EⅡ	1～29	1920—1929 年	德语	白
第三补编	EⅢ	1～16	1930—1949 年	德语	蓝
第四补编	EⅣ	1～16	1950—1959 年	德语	黑
第三、第四合编	EⅢ/EⅣ	17～27	1930—1959 年	德语	蓝
第五补编	EV	17～27	1960—1979 年	英语	黑

　　根据化合物的结构式，按该书的编制规律查找。该方法要求对 Beilstein 手册的编排有一定了解。这看似复杂，但在熟悉它之后，通常是最快的。Beilstein 手册分为四个主要部分：

　　A 无环化合物　　　　卷 1～4　　　　系统号 1～449
　　B 碳环化合物　　　　卷 5～16　　　　系统号 450～2359
　　C 杂环化合物　　　　卷 17～27　　　系统号 2360～4720
　　D 天然产物　　　　　卷 30，31　　　系统号 4721～4877

　　（3）*Dictionary of Organic Compounds*（有机化合物字典）（5th ed，1982—），Heilbron 等编，共五卷，另加第一补编（1983）、第二补编（1985）及两本索引（一本为化合物名称索引，另一本为分子式索引、杂原子索引与美国化学文摘注册号索引）。现有 5 万个化合物条目，条目中还包括官能团衍生物。条目内容除有物理性质外，还有合成、质谱、碳谱、氢谱、危险性与毒性的文献。

　　（4）*The Merk Index of Chemicals and Drugs*（10th ed，1983）。默克索引含有约 10 000 个化合物的名称、商品代号、结构式、来源、物理常数、性质、用途、毒性及参考书等，是一本非常有用的化学药品、药物及生理活性物质的百科全书。

　　（5）*Organic Synthesis*（有机合成）（Wiley）。本书最初由 R. Adams 和 H. Gilman 主编，后由 A. H. Blatt 担任主编。于 1921 年开始出版，每年一卷，每十卷出一个合订本。主要介绍各种有机化合物的制备方法。有卷索引和累积索引，还有化合物名称、反应类型、分子式、仪器和作者的索引。

　　（6）*Reagents for Organic Synthesis*（L. F. Fieser 和 M. Fieser Wiley）。这是有机化学中所用试剂和催化剂的一个极为有用的简编。每个试剂按英文名称的字母顺序排列。该书对入选的每个试剂都介绍了化学结构、相对分子质量、物理常数、制备和纯化方法、合成方面的应用等，并附有主要的原始资料以备进一步参考。每卷卷末附有反应类型、化合物类型、合成目标物、作者和试剂等索引。最近的卷对第 1 卷进行了修订和补充，并出版了卷 1~12 的累积索引。

1.6.3 文摘索引期刊

文摘索引期刊是指导如何找到需要的资料的工具，因此掌握查阅文献的方法，很重要的一方面就是要掌握文摘索引期刊的使用方法。化学文摘索引期刊很多，广泛应用的是美国《化学文摘》。

美国《化学文摘》（Chemical Abstracts，CA），始创于 1907 年，由美国化学会化学文摘编辑部编，摘录全世界 150 余个国家 14 000 余种有关化学化工刊物中的论文及 30 余个国家的专利说明书，每年收录 50 万余篇，是最大的全球性的全面的化学化工文摘索引期刊。每周出版。在原始文章发表 3~12 个月后即刊出文摘。几乎每一篇文章都以英文摘要刊出。这些摘要分成 80 大节，其中 21~34 大节是关于有机化学的。每个摘要的顺序是：文摘号；题目；作者姓名；作者地址；杂志引述〔期刊名称，卷号（期号），起止页数〕和原始文章的摘要。

从 1907 年开始到 1961 年止，有每年的索引。自 1962 年以来，有半年的索引，时间范围是 1—6 月和 7—12 月。1907—1956 年，还出版了另外的 10 年累积索引。自 1957 年以来，累积索引每隔 5 年出版。例如第 8 累积索引（The Eighth Collective Index）的时间范围为 1967—1971 年。

CA 目前出版 5 个主要索引：作者索引、一般题目索引、化学物质索引、分子式索引和专利号索引。索引中最有用的是化学物质索引和一般题目索引，它们都按字母顺序编排化合物，后跟文摘号。

一个文摘用两个数定位，第一个数代表卷号，第二个数代表该文摘在此卷内的位置。第二个数前的 R 指综述，P 指专利，B 指书。跟在文摘号后面的字母除用作计算机核对字符外无任何意义。

除了上述主要索引外，还有环系索引、专利对照号索引、索引指南、登记号索引、资料来源索引等。各类索引及相互关系等概述如图 1-12 和图 1-13 所示。

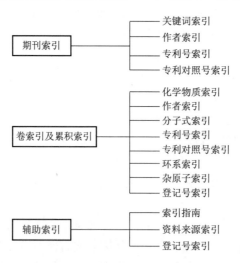

图 1-12　CA 的各类索引

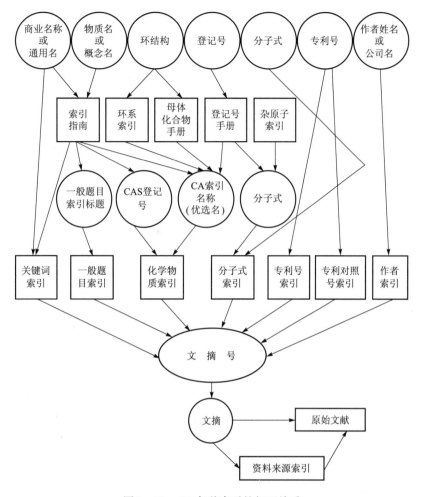

图 1 – 13　CA 各种索引的相互关系

1.6.4　网络检索

1. CAS SciFinder[n]

CAS SciFinder[n] 是美国化学学会（ACS）旗下的化学文摘服务社 CAS 所出版的 *Chemical Abstract* 化学文摘的网络版。

CAS SciFinder[n] 集成了下面 7 个数据库，检索时能实现这 7 个数据库无缝链接的跨库检索。

（1）CAS References & CAS Patents（文献数据库）。

（2）CAS REGISTRY ®（物质信息数据库）。

（3）CAS Reactions（化学反应数据库）。

（4）CAS Markush（马库什结构专利信息数据库）。

（5）CAS Chemical Compliance Index（管控化学品信息数据库）。

（6）CAS Commercial Sources（化学品商业信息数据库）。

（7）MEDLINE ®（美国国家医学图书馆数据库）。

CAS SciFinder^{n}有文献检索（References）、物质检索（Substances）、反应检索（Reactions）等检索方式。其中文献检索有主题、作者等7种方式（图1-14），物质检索有化学结构、分子式等5种方式（图1-15）。

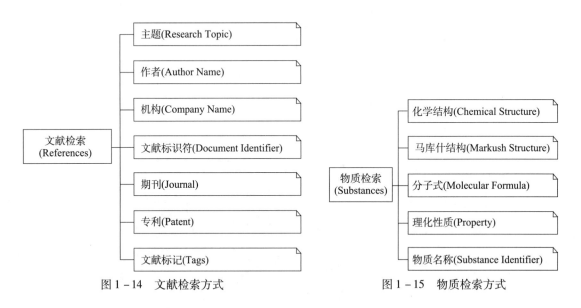

图1-14　文献检索方式　　　　　　　图1-15　物质检索方式

其中，反应检索及物质检索中的化学结构可以直接通过画出分子结构来检索相关内容，方便、快速。其在逆合成路线分析、合成方法解决方案等方面有着特殊的优势，在使用过程中可以得到很多启示和创意。

使用CAS SciFinder^{n}之前，须用学校域名邮箱地址注册账号，根据提示输入相应信息，提交注册申请后，系统将自动发送一个链接到所填写的邮箱中，进入邮箱激活此链接即可完成注册。注册后，就可用该账号直接登录CAS SciFinder^{n}了。

2. 美国化学会ACS（American Chemistry Society）期刊检索

进入美国化学会的主页http://pubs.acs.org后，在主页的左上方，单击"Publicatons"将显示美国化学会出版的所有化学期刊的名称，单击每个期刊的链接可以进入这些期刊的主页。在期刊的主页上，将会有最新一期刊物的目录，在目录下的每一篇文章，均可以通过单击"Abstract，HTML和PDF"打开文章的摘要或HTML和PDF格式的全文。单击"articles ASAP"，可以进入过往期刊检索。在每一期刊的主页的左边还有作者索引（author index），单击后可以按文章作者的姓氏字母顺序寻找所需要的文章。

3. John Wiley 出版的电子期刊

John Wiley出版的电子期刊的主页为https://onlinelibrary.wiley.com，进入主页后在主页的左边可以进行高级检索，也可以进行普通检索。在主页的下方，单击"journals"可以直接进入所有期刊的按英文字母分类的期刊目录。

文章检索的方式是通过单击进入任何一个期刊直接进入最新一期期刊的目录，在每一篇文章的题目下均可通过单击"Abstract，HTML和PDF"打开文章的摘要或HTML和PDF格式的全文。单击期刊主页的上方的"issue"框，可以进入过往期刊的卷号和期号，单击后进入每一期文章的目录。

4. Elsevier Science 出版公司的电子期刊

2000 年 1 月开始,"中国高等学校文献保障体系"项目的 9 个中国高等学校图书馆和国家图书馆、科学院图书馆联合清华大学和上海交通大学建立了 SDOS 服务器,向用户提供 Elsevier 电子期刊服务。网址:https://www.sciencedirect.com/。数据库的检索方式包括浏览、基本检索和高级检索。

浏览可以按字母顺序和 11 个学科进行刊名、卷期、目次、内容的树状浏览。

基本检索中,系统默认的检索字段为篇名、作者、作者机构和关键词。具备检索限定,可以进行布尔逻辑检索。

高级检索即指南检索,可选择的字段有篇名、作者、作者机构、文摘、关键词、资助机构、全文检索。

检索结果的记录格式包括刊名、卷期、页数、篇名、作者、作者机构、关键词等。文件格式有 PDF 格式和 HTML 文本两种。

第 2 章

有机化学实验的基本操作

2.1 简单玻璃工操作

在有机化学实验中，有时需要自己动手制作一些玻璃用品，如滴管、弯管、毛细管、搅拌棒及玻璃钉等，因此，应较熟练地掌握玻璃工基本操作。

2.1.1 玻璃管(棒)的清洗、干燥和切割

需要加工的玻璃管(棒)应先洗净和干燥。玻璃管内的灰尘可以用水冲洗。清洁度要求较高时，如制作熔点管和薄层点样管，在拉制前应用铬酸洗液浸泡玻璃管，再用水洗净，经烘干后加工。

2.1.2 玻璃管(棒)的切割

对于直径为 5～10 mm 的玻璃管(棒)，可用三棱锉或鱼尾锉进行切割。对于较细的玻璃管，可用小砂轮切割，有时用碎瓷片的锐棱代替锉，也可以达到同样的目的。

把要切割的位置确定后，将锉刀的边棱压在要切割的点上，一只手按住玻璃管(棒)，另一只手握锉，朝一个方向用力锉出一条稍深的锉痕。如果锉一次的锉痕不够深或不够长，可以重复几次上述操作。但一定要注意，锉的方向一定要相同，不要来回锉，锉痕也要在同一条直线上；否则，不仅损坏锉刀，还会导致玻璃断茬不整齐。

锉痕锉好后，两拇指顶住锉痕的背面，轻轻向前推，同时向两边拉，玻璃管(棒)就会在锉痕处平整地断开。为了安全，折断玻璃管(棒)时，手上可以垫块布，推拉时应离眼睛稍远些。玻璃管的折断如图 2-1 所示。

对于较粗的玻璃管(棒)、需要在管的近端处进行截断的玻璃管，或割断固定装置上的某段玻璃管，可利用玻璃管(棒)骤然受热或骤然受冷易裂的性质使其断裂。将一端拉细的玻璃管(棒) 在灯上加热至

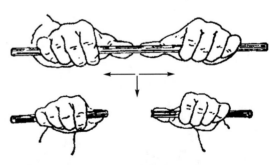

图 2-1　玻璃管的折断

白炽呈珠状,立即压触到要锉断的玻璃管(棒)的锉痕处,则马上断开。若一次不能完全断开,可以逐次用灼热玻璃棒压触裂缝前端,直至玻璃管完全断开。

切开的玻璃管(棒)边沿很锋利,应将玻璃管倾斜成45°左右,并略深入煤气灯氧化焰的边缘,一边加热,一边来回转动,至玻璃管边沿发黄即可取出。不宜在火中加热太久,以免管口缩小。

2.1.3　弯玻璃管

将一根玻璃管放在煤气灯的外焰上加热(玻璃管受热长度可达5～8 cm),同时,不断向一个方向转动,使其受热均匀。当玻璃管软化后,立即从火中取出,两手平托住玻璃管的两端,玻璃管中间一段已经软化,在重力作用下向下弯曲,两手再轻轻向中间用力,使弯曲至所需要的角度(注意:一定要离开火焰再用力弯曲)。用力不要过大,否则,在弯的地方会瘪陷或纠结起来。

如果玻璃管需要较小的角度,则需要分几次来弯。每次弯一定的角度,重复操作,每次加热的中心稍有偏移,直到弯成所需的角度。弯好的管,管径应是均匀的,角的两边应在同一平面上。

还有一种方法是将玻璃管的一端封住(橡皮滴头或拉丝后封住),将玻璃管斜置于煤气灯氧化焰上加热(使受热面积增大),同时不断转动,至变软后,自火中取出,边弯边从玻璃管一端吹气,使玻璃管弯曲部分保持原来粗细。这样的弯管较为美观,但技术上较难掌握。弯成的玻璃管和拉细后的玻璃管如图2-2和图2-3所示。

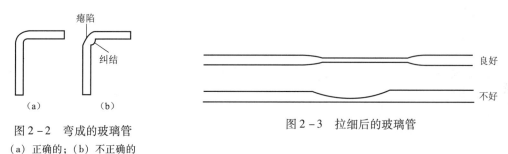

图 2-2　弯成的玻璃管
(a) 正确的;(b) 不正确的

图 2-3　拉细后的玻璃管

2.1.4　拉毛细管

将用来拉毛细管的玻璃管洗净干燥,根据需要截取一定长度(一般15～20 cm)。一手握住玻璃管,一手托住另一端,将玻璃管平置于煤气灯上。先用小火加热,然后再加大火焰(这样可以避免爆裂)。加热的位置应在煤气灯的氧化焰即外焰上。边加热,边向同一方向转动。转动时玻璃管不要上下、左右、前后移动,使加热处的玻璃管四周受热均匀。玻璃管略微变软后,更要注意两手的转动方向和速度,以免玻璃管绞曲。当玻璃管发黄变软时,即可从火焰中取出准备拉丝(注意:拉玻璃管时一定要离开火焰)。拉玻璃管时两手同时握住玻璃管,同方向旋转,水平地向两边拉开。开始拉时要慢一些,然后再较快地拉长。拉好后,两手不能马上松开,还需继续转动,直至完全变硬定型。待中间部位冷却后,放在石棉网上。拉出来的细管应和原来的玻璃管在同一轴上,不能歪斜,如图2-4所示。

图 2 - 4   拉好的毛细管

2.1.5   玻璃沸石

将一段玻璃管烧熔后反复重叠拉丝（拉长后对折在一起，造成孔隙，保留空气）若干次后，再熔拉成 1 ~ 2 mm 粗细。冷却后截成长约 1 cm 的小段，蒸馏时可作玻璃沸石用。

2.1.6   玻璃钉

根据需要切好一定长度的玻璃棒，将其一端在火焰上加热。烧到呈黄红色玻璃软化时，在石棉网上用力垂直向下压，迅速使软化部分呈圆饼状，即得玻璃钉。如果需要较细的玻璃钉，可以先按照拉玻璃管的方法将玻璃棒拉细，再按上述方法制作玻璃钉。

2.2   有机化学实验常用的仪器装置及基本操作技术

2.2.1   加热和冷却

1. 加热

在实验室中，为了使反应发生或者蒸馏产品，加热是必不可少的手段。但是由于大多数有机溶剂都容易燃烧且挥发性都很强，在加热时必须非常小心，防止火灾的发生以及过多的有毒蒸气挥发到空气中。常用的加热方法有以下几种：

（1）煤气灯加热。煤气灯加热具有加热快、温度高的特点，但是煤气灯一般只用来加热水溶液。如果蒸馏或回流的溶剂沸点较高，有时也用煤气灯直接加热。但这时一定要注意，不要让易燃的蒸气挥发出来，以免遇到火焰而燃烧。

切记：不要用明火直接加热放在敞口容器中的有机溶剂。

在用明火直接加热时，必须在容器与火焰之间加一个石棉网，并且石棉网不能与容器底部接触。这样，既可以使容器受热比较均匀，避免局部过热对反应产生的不利影响，又可以减少容器被炸裂的机会。

（2）水浴加热。当需要加热的温度在 100 ℃ 以下时，可将烧瓶浸入水浴中（勿使烧瓶底与水浴底接触，避免局部过热）。水浴可以用明火加热。如果是易燃、易挥发的溶剂，则不能用明火加热，可以用封闭电炉加热。

（3）油浴加热。在进行 100 ~ 250 ℃ 加热时，可用油浴，油浴所能达到的温度取决于所用油的种类。

甘油和邻苯二甲酸二丁酯适用于加热到 140 ~ 150 ℃。温度过高则易于分解。

植物油可以加热到 160 ~ 170 ℃，但长期加热使用则易分解，可在其中加入 1% 对苯二酚，以增加其稳定性。

石蜡油可加热到 200 ℃ 左右，温度再高，挥发较快，气味较重，污染空气，也易燃烧。

真空泵油，特别是硅油，可以加热到 250 ℃，热稳定性也较好，但价格较高。

液体多聚二醇，可加热到 180～200 ℃，是很理想的加热溶液，加热时无蒸气逸出，遇水不会暴沸或喷溅。因多聚二醇溶于水，烧瓶也容易洗涤。

用油浴加热，温度很均匀，油又不像水那样容易挥发，是很好的加热介质。除甘油和多聚乙醇以外，切忌在油浴中溅入水，否则会暴沸喷溅。加热完成后，应先将烧瓶悬夹在油浴上方，待无油滴下，再用废纸擦净烧瓶。

油浴除用火、封闭电炉加热外，也可以用放在油浴中的电热丝（有玻璃管外套）或热得快加热，再配以继电器和接点温度计，可以自动控制温度。

（4）电热套。电热套是玻璃纤维包裹着电热丝组成的帽状的加热器，加热和蒸馏易燃有机物时，由于不存在明火，不易引起着火，热效率也高。加热温度可用调压变压器控制，最高加热温度可达 400 ℃ 左右。电热套的容积一般与烧瓶的容积相匹配，从 50 mL 起，各种规格均有。电热套主要用作回流加热的热源。若用电热套进行蒸馏或减压蒸馏，应选用稍微大一号的电热套，否则随着蒸馏的进行，瓶内物质逐渐减少，会使瓶壁过热，造成蒸馏物被烤焦。

（5）其他加热方法。需要加热到 300 ℃ 以上时，要用沙浴。它由铁制的容器内盛清洁干燥的细沙组成。将需要加热的容器埋在沙中，沙浴下用火加热。但是沙浴传热慢，散热快，温度不易控制。

空气浴也是一种加热方法。让热源把局部空气加热，空气再把热能传导给反应器。使用电热套加热时，反应瓶的外壁与电热套的内壁保持 2 cm 左右的距离，此时就是一个简易的空气浴，利用热空气传热，同时也避免了局部过热现象。

2. 冷却

在有机化学实验中，有些反应放出的热可使反应体系的温度急剧升高，从而导致其他副反应发生，甚至产生危险，所以在有些反应中需要冷却。有些反应只能在低温条件下进行，反应体系也必须冷却。另外，低温还可以使重结晶后有机化合物的结晶析出比较完全。根据具体需要冷却的温度范围，可以选用表 2-1 中的冷却方法。

表 2-1　冷却方法及冷却温度

混合物	冷却温度/℃	备　注
冰-水混合物	0～室温	因水可对流，与器壁接触好，冷却效果较单用冰的好
冰-食盐混合物	-5～-15	1 份食盐和 3 份碎冰均匀混合
冰-六水合氯化钙	-20～-40	10 份六水合氯化钙和 8 份碎冰均匀混合
干冰-丙酮	最冷可达 -78	将干冰溶于丙酮中，一般放在保温瓶中，减少挥发
液氮	可冷至 -196	一般放在保温瓶中

2.2.2　回流

回流（reflux）是有机合成反应中经常使用的装置，主要是在回流冷凝器的作用下，反应瓶中产生的蒸气被冷却回流到反应混合物中，可以使

回流基本操作

反应混合物在一定温度下长时间反应，溶剂和反应物不会损失。如果一个反应只需将反应物简单混合，然后在反应体系的溶剂或反应物的沸点附近进行反应，则只需采用普通回流装置（图2-5（a））。如果需要防止空气中的水汽进入反应体系，可在回流管的上端加一个干燥管（图2-5（b））。根据回流的温度不同，选用不同的冷凝管。一般情况下，选用球形冷凝管，若回流温度很高（140 ℃以上），应选用空气冷凝管。

反应容器大小的选择应使容器内液体不超过容器体积的2/3，不少于1/3。**回流加热前应放沸石或磁子**，根据瓶内液体的沸腾温度选择水浴、油浴或隔石棉网明火直接加热等方式。但是尽量避免采用隔石棉网直接明火加热的方式。回流的速度应控制在液体蒸气浸润不超过冷凝管下端的两个球为宜。

如果反应过程产生可溶于水的有毒气体（如氯化氢、溴化氢、二氧化硫等），需在冷凝管的上端连接一个气体吸收装置，如图2-5（c）所示。

图2-5（d）所示的装置，回流时可以同时滴加液体。如果在反应过程中需要滴加液体、搅拌、观察反应体系的温度，可选用两口、三口或四口瓶，分别安装回流管、搅拌棒、滴液漏斗、温度计等。图2-5（e）所示的装置，回流时可以同时除去反应中生成的水。

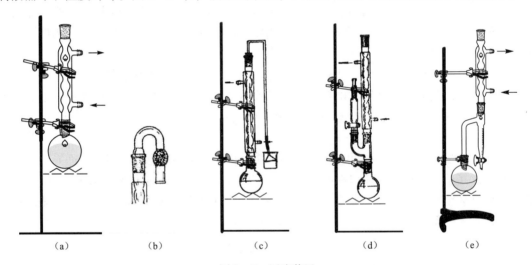

（a）　　　　　　（b）　　　　　　（c）　　　　　　（d）　　　　　　（e）

图2-5　回流装置

（a）普通的回流装置；（b）干燥管；（c）带有吸收反应中生成气体的回流装置；
（d）回流时可以同时滴加液体的装置；（e）带有水分离器的回流装置

2.2.3　搅拌

搅拌是有机制备实验常用的基本操作。搅拌的目的是使反应物混合得更均匀，反应体系的热量容易散发和传导，使体系的温度更加均匀，从而有利于反应的进行。特别是非均匀体系，搅拌更是必不可少的操作。

搅拌的方法有三种：人工搅拌、机械搅拌和电磁搅拌。简单的、反应时间不长并且反应体系放出的气体是无毒的制备实验，可以用人工搅拌。对于反应复杂，反应时间长，反应体系放出有毒气体的制备实验，则要用机械搅拌或者电磁搅拌。

机械搅拌主要包括三个部分：电动机、搅拌棒和封闭器（搅拌器套管）。电动机是动力部分，固定在支架上。搅拌棒与电动机相连，接通电源后，电动机带动搅拌棒转动进行搅拌。密封器是搅拌棒与反应器的连接装置，用于防止反应器中的蒸气往外逸。

搅拌的效率很大程度上取决于搅拌棒的结构，如图 2-6 所示，可以用玻璃棒制成各种搅拌棒。根据反应瓶的大小、瓶口的大小以及反应的要求来选择搅拌棒的样式。

图 2-7（a）是可同时进行搅拌、回流和从滴液漏斗加入液体的实验装置；图 2-7（b）的装置还可同时测量反应的温度。在安装搅拌装置时，三口瓶及回流管应当用铁夹固定，整个装置应平稳。

如果反应体系黏度较小，反应溶液也不多，可以用磁力搅拌代替机械搅拌。

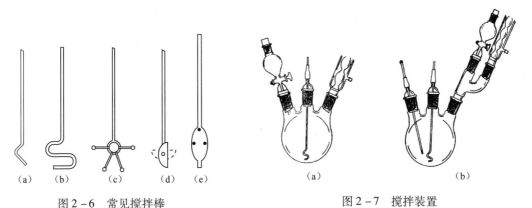

（a）　　（b）　　（c）　　（d）　　（e）　　　　　　（a）　　　　　　（b）

图 2-6　常见搅拌棒　　　　　　　　　　图 2-7　搅拌装置
　　　　　　　　　　　　　　（a）可同时进行搅拌、回流、滴液；（b）可同时测量反应温度

2.2.4　气体吸收

在很多有机反应中，经常会产生一些有毒或有刺激性的气体，因此，需要与反应体系连接一个气体吸收装置。

图 2-8 为气体吸收装置，用于吸收反应过程中生成的有刺激性和水溶性的气体（如氯化氢、二氧化硫等）。其中，图 2-8（a）和图 2-8（b）可作少量气体的吸收装置。操作时要注意，既要防止气体逸出，又要防止水被倒吸至反应瓶。若反应过程中有大量气体生成或气体逸出很快，可使用图 2-8（c）所示的装置，水自上端流入吸滤瓶中，在恒定的平面溢出。粗的玻璃管恰好伸入水面，被水封住，以防止气体逸入大气中。

2.2.5　向反应混合物中加入反应试剂

在很多情况下，不能把反应物全部混合反应，而是需要按一定次序向反应混合物中加试剂。有时加入的速度会直接影响反应的结果。对于放热反应，慢慢地加入一种反应物要比把反应物混合再通过冷却来控制反应容易得多，也比较安全。

滴加液体试剂用滴液漏斗。但在滴加时，一定注意漏斗不能密闭，否则，漏斗内的压力会随着滴加液的减少而减少，难以顺利滴加。所以滴液漏斗上口的小孔和塞子的缺口相对，以便和大气相通。如果试剂的挥发性较大，不宜过多挥发到空气中，或者有气体参加反应或生成，或者反应必须在无水条件或惰性气体保护下进行，必须使用恒压滴液漏斗，如图 2-9 所示。

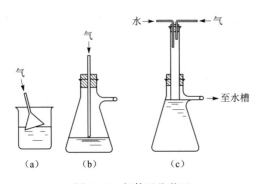

图 2-8 气体吸收装置

（a）、（b）少量气体的吸收；（c）大量气体的吸收

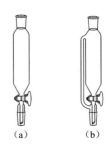

图 2-9 滴液漏斗

（a）滴液漏斗；（b）恒压滴液漏斗

2.2.6 无水无氧操作

有些反应试剂，尤其是一些金属和过渡金属有机化合物，具有很高的反应活性，遇水或空气中的氧气能发生剧烈反应，甚至燃烧或爆炸。然而它们在有机合成中往往又具有十分重要的应用，可以用作特殊的反应试剂或选择性催化剂。对于这类化合物的制备、处理和应用，所使用的试剂或溶剂必须事先经过脱水和脱氧处理，即必须采取无水无氧操作技术。这种操作技术在合成工业尤其是在科学研究领域是非常重要的。

1. 惰性气体的脱水和脱氧处理

敏感化合物的化学反应和普通化合物的化学反应并无本质的区别，不同之处在于敏感化合物在空气中受氧和水汽作用会迅速发生明显变化，导致反应产物复杂化，甚至得不到预期的产物。因此，其反应装置的特点是尽可能完全除去反应系统中的氧和水汽。在实际操作中，敏感化合物的反应装置在充分干燥后，主要是用干燥惰性气体排走装置中的氧气和微量水汽。常用的惰性气体有氮气、氩气和氦气。由于氮气价廉易得，且绝大多数试剂在其中能保持稳定，是最常用的。氩气和氦气的纯度高，且化学稳定性好，它们对敏感化合物的保护作用比氮气更强。

根据不同需要，使用前有时还需进一步脱除惰性气体中的极少量的水分和氧。无水无氧操作线（Schlenk line）就是一套惰性气体的净化及操作系统。通过这套系统，可以将无水无氧惰性气体导入反应系统，从而使反应在无水无氧环境中进行，如图 2-10 所示。

（1）无水无氧操作线的组成。无水无氧操作线（图 2-10）主要由除氧柱、干燥柱、Na-K 合金管、截油瓶、双排管、真空计等部分组成。惰性气体（氮气或氩气）在一定压力下由鼓泡器导入安全管，经干燥柱初步除水，再进入除氧柱以除去氧，然后进入第二根干燥柱以吸收除氧柱中生成的微量水，继而通过 Na-K 合金管以除去残余微量水和氧，最后经过截油瓶进入双排管（惰性气体分配管）。

在干燥柱中，常填充脱水能力强并可再生的干燥剂，如 5A 分子筛；除氧柱中一般也选用可再生的除氧剂，如银分子筛。

（2）无水无氧操作线的操作。在使用无水无氧操作线之前，要事先对干燥柱和除氧柱进行活化。若选用 5A 分子筛作干燥剂，则在长为 60 cm、内径为 3 cm 的玻璃柱中，装入 5A 分子筛。从柱的上端插入量程为 400 ℃ 的温度计，柱外绕上 500 W 电热丝，其外再罩上长

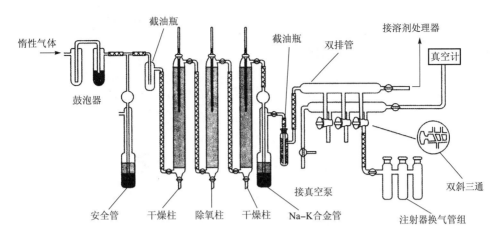

图 2 – 10　无水无氧操作线

为 60 cm、内径为 6 cm 的玻璃套管。柱的下端连三通，分别与真空泵及惰性气体相接。在 1. 33 kPa（10 mmHg①）、320 ~ 350 ℃的条件下对分子筛柱活化 10 h。然后旋转三通，导入惰性气体，停止加热，自然冷却至室温，关上旋塞，并接入系统。

若选用银分子筛来除氧，则在长为 60 cm、内径为 3 cm 的玻璃柱内装入银分子筛，柱的上端插入量程为 400 ℃的温度计，柱外绕上 300 W 的电热丝，其外再罩上长为 60 cm、内径为 6 cm 的外管。活化时，从柱下端侧管通入氢气，尾气从柱上端侧管通至室外。加热至 90 ~ 110 ℃，活化 10 h 左右，活化过程中生成的少量水可以通过柱下端的导管放出。当银分子筛变黑后，停止加热，继续通氢气，自然冷却至室温，关上各旋塞，并接入系统。Na – K 合金管上端长为 50 cm，内径为 2 cm，下端长为 15 cm，内径为 5 cm。上端侧管连三通，并分别与真空泵和惰性气体相接。先抽真空并用电吹风或煤气灯烘烤后，自然冷却至室温，再充惰性气体，抽换气三次。在充惰性气体条件下，从上口加入切碎的钠（15 g）和钾（45 g），并用适量的石蜡油加以覆盖。然后加热下端，使钠、钾熔融，冷却后即成 Na – K 合金。插入已抽换气的内管，关上旋塞，并接入系统。将上述柱子处理后串联起来就可以进行除水除氧操作。

将要求除水除氧的仪器通过带旋塞的导管，与无水无氧操作线上的双排管相连，以便抽换气。在该仪器的支口处要接上液封管以便放空。同时保持仪器内惰性气体为正压，使空气不能入内。关闭支口处的液封管，旋转双排管的双斜旋塞使体系与真空管相连。抽真空，用电吹风或煤气灯烘烤待处理系统各部分，以除去系统内的空气及内壁附着的潮气。烘烤完毕，待仪器冷却后，打开惰性气体阀，旋转双排管上的双斜三通，使待处理系统与惰性气体管路相通。像这样重复处理 3 次，即抽换气完毕。在惰性气流下可以进行各种操作，如图 2 – 11 所示。

2. 试剂和溶剂的处理

在有敏感化合物参与或生成的反应中，根据化合物的敏感性不同，对试剂和溶剂要进行不同程度的脱水和脱氧处理。

———————————

①　1 mmHg = 133. 322 4 Pa。

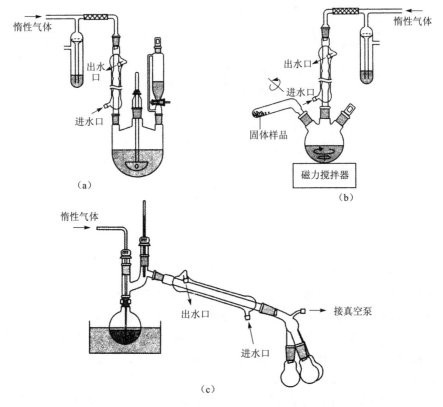

图 2-11　惰性气流下的各种操作装置

　　为了保证试剂有充分的干燥度，可在使用前 1~2 天向其中加入活性分子筛。分子筛的活化程序为：先于 320 ℃加热 3 h，然后置于真空干燥器内冷却，再向干燥器内通入氮气，使干燥器内压力达大气压。分子筛的再生方法比较简单：将它放在烧瓶中加热，同时用水泵抽气，以除尽残余溶剂，再放入烘箱中于 320 ℃加热干燥 12 h。要除去溶剂中的氧气，方法是将盖在瓶口上的橡胶隔膜上插入一支长注射针头并插入溶剂底部，向溶剂中鼓入纯净的氮气或氩气，另插入一支短注射针头在液面以上，使驱赶的气体放出。驱赶净氧气之后，即可拔出针头待用。在需要使用溶剂时，可通过瓶口上的橡胶隔膜，一边注入氮气，一边用注射器抽取溶剂使用。

　　对于那些会受极微量的氧和水影响的反应，可采用如图 2-12 所示装置来处理溶剂。

　　处理装置为特制的溶剂蒸馏系统，将仪器洗净烘干并装配好后，使纯净的氮气由旋塞 A 进入，经旋塞 B、D 和 E 放出，彻底冲洗出空气后，关闭旋塞 A，改由 F 处通入细微量氮气，经鼓泡器放出，使整个系统保持在常规的静态氮气压力下。暂时移开旋塞 A，将经预先初步干燥过的溶剂加入蒸馏瓶中，再加入适量的干燥剂。如在 1 L 四氢呋喃中，加入约 25 g 二苯酮和 6 g 金属钠丝（或片，以增大接触面）。装上旋塞 A 后，将溶剂加热回流。当溶剂中的水分和氧气被除尽后，金属钠便将二苯酮还原成四苯基频哪醇，从而出现持久的蓝紫色。继续回流片刻，以除去从接收器和冷凝器表面所带来的痕量水汽。关闭旋塞 B，让接收器慢慢积聚溶剂至一定量，用注射器从旋塞 C 抽出溶剂。最好用一根细的不锈钢空心针管（两端有针头)穿过旋塞 C 上的胶塞和旋塞孔插入接收器底,另一端插入贮存器,贮存器的胶塞上插一根放空针头。关闭旋塞 E 后,随着系统内氮气压力的增加,溶剂即被压入贮存器中。如继续加入上述溶剂处理,应检查蒸馏瓶中是否有足够的活性干燥剂。若回流后不出现蓝紫色,应酌情补加二苯酮和金属钠丝。蒸馏结束后,关掉热源和冷凝水,关闭系统中各旋塞及氮气,使该系统在无水无氧状态下封闭,供下次实验使用。如蒸馏烧瓶中高沸点物过多,从而难以蒸馏,则可将其取下,重新换一个烘干的烧瓶即可。

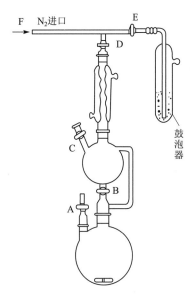

图 2 - 12　溶剂处理装置

3. 试剂及溶剂的转移

(1) 液体的转移。液体的常规转移是使用注射器或两头连有针头的软管。注射器或软管的针头可以插入反应器或容器的翻口橡胶塞。针头可以刺穿橡胶塞,针头拔出后,橡胶塞又可以恢复密封。液体物料的转移装置如图 2 - 13 所示。

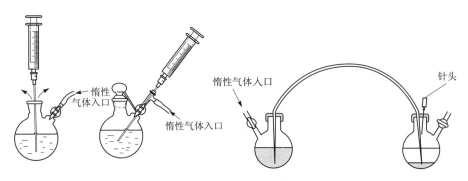

图 2 - 13　液体物料的转移装置

(2) 固体的转移。反应中的固体原料可以在装置中充氮气之前,就放到反应瓶中。如果需要在反应过程中加入固体物料,可以用如图 2 - 14 所示的装置。

4. 换气技术

(1) 仪器装置换气。最常用的方法有两种:第一种是反复进行抽真空与充惰气操作,这种操作可以代替高真空技术;第二种方法是以惰气吹扫装置中的空气,如图 2 - 15 所示。

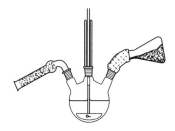

图 2 - 14　固体物料的转移装置

惰气流由 1 号入口进入装置并从矿物油鼓泡器排出,使装置中的空气被排代。在反应期间和反应结束后反应混合物的冷却过程中,让缓慢气流由 2 号入口进入并从矿物油鼓泡器排出,以防空气返回装置。这种装置与操作能使反应混合物与惰性气体中杂质的接触降到最低程度。

(2) 惰气清洗注射器。将注射器接在气流很大的管子上或接在惰性管线的特殊封塞上,将注射针插入惰性气源吸气,然后离开,将吸入的惰性气体排出,反复操作两三次即可。如有特别需要,可将注射器先在 120 ℃ 的烘箱中烘干,再用惰气清洗。

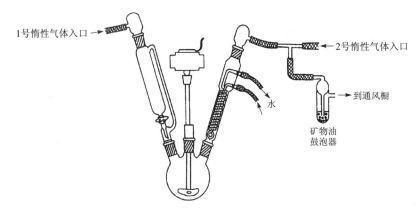

图2-15 装有搅拌、滴液、回流装置的换气装置

2.3 物理常数的测定

通过化合物熔点、沸点、折射率、旋光性化合物的比旋光度等物理性质的测定，可以鉴定有机化合物的结构。因为所有物理性质都完全相同的两种或几种化合物是极为少见的。虽然日益发展的波谱技术已成为鉴定有机化合物的有力工具，但物理常数的测定对有机化合物结构的鉴定仍非常有用。另外，熔点和沸点的测定还可以提供有关化合物纯度的信息。

2.3.1 熔点的测定及温度计的校正

固体物质在标准大气压下加热熔化时的温度，称为熔点。严格地讲，熔点是固体物质在标准大气压下固液两相达到平衡时的温度。

纯净的固体有机化合物一般都有固定的熔点，固液两相之间的变化非常敏锐，从初熔到全熔的温度范围称为熔程，一般不超过0.5~1 ℃。当混有杂质时，固体物质的熔点就有显著的变化，熔点降低，熔程增大。因此，通过测定熔点，可以鉴定未知的固体有机化合物，也可以判断有机化合物的纯度。

如果两种固体有机物具有相同的熔点，通常将其混合后再测定熔点，如无降低现象，即可认为是相同物质（至少测定三种比例，即1:9、1:1、9:1）。虽然有时两种熔点相同的不同物质混合后熔点并不下降或反而升高（形成了新的化合物或固溶体），但这只是少数例外，测定熔点对于鉴定有机化合物还是有很大价值的。

常用的测定熔点的方法有毛细管法和显微熔点测定法。

1. 毛细管法测熔点

（1）熔点管的准备。用来测熔点的毛细管的直径为1 mm左右，一端封口，内壁应均匀洁净。

（2）样品的装入。将充分干燥并研细的样品装入准备好的毛细管中，形成2~4 mm高的样品层。为将样品加入毛细管中，将毛细管开口端插入样品粉末中，再反过来在坚硬的台面上反复磕打，或通过垂直于台面的玻璃管反复跌落几次，使沾在毛细管壁上的样品落入管底，形成致密的样品层。要测得准确的熔点，样品一定要尽量研细，敦实，使热量的传导迅速均匀。

（3）熔点浴。熔点浴的设计最重要的是要使所测样品受热均匀，便于控制和观察温度。实验室中最常用的是提勒管（又称 b 形管），如图 2 - 16 所示。

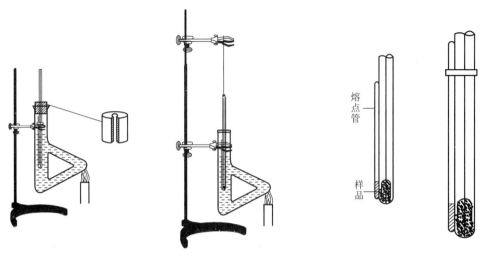

图 2 - 16　测熔点的装置

温度计从管口插入提勒管，使水银球位于提勒管上下两叉管之间。装好样品的熔点管，借少许浴液黏附于温度计下端（或将小橡皮圈套在温度计和熔点管的上部），使样品部分置于水银球侧面中部。b 形管中装入浴液，高度稍高于叉管即可。经常用的浴液有硫酸（测定熔点在 200 ℃ 以下的样品）、磷酸（可用于 300 ℃ 以下）、石蜡油、有机硅油等。

（4）熔点的测定。将提勒管垂直夹于铁架台上，以浓硫酸等作为加热液体，将沾有熔点管的温度计小心地伸入浴中。以小火在图 2 - 16 所示部位缓缓加热。开始时升温速度可以较快，到距离熔点 12 ~ 15 ℃ 时，调整火焰使每分钟上升 1 ~ 2 ℃。越接近熔点，升温速度应越慢（升温速度的控制是准确测定熔点的关键）。这一方面是为了有充分的时间让热量由管外传至管内，使固体熔化；另一方面是因为观察者不能同时观察温度计示数和样品的变化，只有缓慢加热，才能减小此项误差。记下样品开始塌落并有液相产生时（初熔）和固体完全消失时（全熔）的温度计读数，即为该化合物的熔程，如图 2 - 17 所示。要注意在初熔前是否有萎缩或软化、放气等其他分解现象。

熔点的测定，至少要有三次重复的数据。每次测定都必须用新的熔点管另装样品，不能将已测过熔点的熔点管冷却，使其中的样品固化后再做第二次测定。因为某些物质会产生分解，有些会转变成具有不同熔点的其他结晶形式。进行第二次测定之前，一定要等到浴温降到样品熔点的 20 ℃ 以下。

测定易升华物质的熔点时，毛细管的两端均应加以封闭，并使整个封闭区全部浸在热浴中。

2. 用熔点测定仪测定熔点

将被测样品放在显微镜下加热，观察其熔化过程。加热装置用可变电阻控制，可随时调节升温速度。一般仪器所配温度计已经经过校正。具体操作方法参看所用仪器的使用说明书。

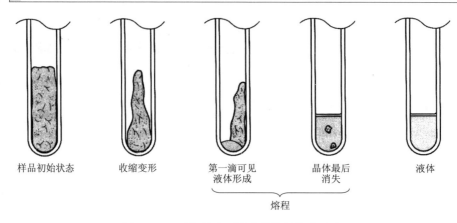

| 样品初始状态 | 收缩变形 | 第一滴可见
液体形成 | 晶体最后
消失 | 液体 |

熔程

图 2 - 17　毛细管法测熔点晶体的熔化过程

3. 温度计校正

由于温度计确定刻度的方法和测定熔点的方法上的差异、温度计本身水银柱孔径的均匀不一致及长期使用后玻璃体积变形等因素的影响，温度计的读数和样品的真实熔点之间有一定误差。温度计的校正办法：和标准温度计对比，以一系列纯粹有机化合物的熔点作为校正的标准。将所测熔点为纵坐标，纯化合物试剂熔点为横坐标，绘制出一条曲线。此温度计曲线可供以后用此温度计测定熔点时查找准确熔点用。

可用于校正温度计刻度的化合物的熔点见表 2 - 2。

表 2 - 2　化合物的熔点　　　　　　　　　　　　　　　℃

化合物	冰 - 水	二苯胺	间二硝基苯	α-萘酚	苯甲酸	水杨酸	马尿酸	蒽
熔点	0	53.5	89.5	95	122	159	187	216

2.3.2　沸点及其测定

1. 原理

液体化合物的沸点，是它的重要物理常数之一，在使用、分离和纯化过程中，具有很重要的意义。

一个化合物的沸点，就是当它受热时，其蒸气压升高，当达到与外界大气压相等时，液体开始沸腾，这时液体的温度就是该化合物的沸点。根据液体的蒸气压 - 温度曲线可知，一个物质的沸点与该物质所受的外界压力有关。外界压力增大，液体沸腾时的蒸气压加大，沸点升高；相反，若减小外界的压力，则沸腾时的蒸气压也下降，沸点降低。

根据经验规律，在 0.1 MPa（760 mmHg）附近时，多数液体当压力下降 1.33 kPa（10 mmHg），沸点约下降 0.5 ℃。在较低压力时，压力每降低一半，沸点下降 10 ℃左右。

由于物质的沸点随外界压力的改变而改变，因此，讨论或者报道一个化合物的沸点时，一定要注明测定沸点时外界的大气压，以便与文献值相比较。

2. 测定沸点的方法

液体不纯时沸程很长，在这种情况下无法测定液体的沸点，应先把液体用其他方法提纯后，再测定沸点。

沸点测定分常量法和微量法两种。常量法的装置与蒸馏操作的相同。

微量法测定沸点可用图 2 - 18 所示装置。在沸点管外管中放 1～2 滴样品，液柱高约 1 cm。再放入内管，然后将沸点管用橡皮圈附于温度计旁，放入热浴中进行加热。加热时，由于气体膨胀，内管中会有小气泡缓缓逸出，在到达该液体的沸点时，将有一连串的小气泡快速地逸出。此时可停止加热，使浴温自行下降，气泡逸出的速度渐渐减慢。在气泡不再冒出而液体刚要进入内管的瞬间（即最后一个气泡刚要缩回至内管中时），表示毛细管内的蒸气压与外界压力相等，此时的温度即为该液体的沸点。为校正起见，待温度降下几度后再非常缓慢地加热，记下刚出现大量气泡时的温度。两次温度计的读数相差应该不超过 1 ℃。

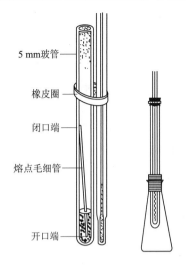

5 mm玻管

橡皮圈

闭口端

熔点毛细管

开口端

图 2 - 18　微量法测定沸点的装置

沸点管是由两根粗细不同的毛细管组成的。将内径为 3～4 mm，长 7～8 cm 的毛细管一端用小火封闭，作为沸点管的外管。另将内径约 1 mm 的毛细管在中间部位封闭，自封闭处一端截取约 5 mm（作为沸点管内管的下端），另一端约长 8 cm，总长度约 9 cm，作为内管。

2.3.3　液体化合物折射率的测定

折射率和沸点、密度一样，是有机化合物的重要物理参数。它可以作为液体化合物纯度的标准，并且比沸点更为可靠。也可以作为鉴定和区别有机化合物的依据，多数异构体的沸点极为相近，而折射率却完全不同。根据测出的折射率，可以确定是哪种异构体。根据折射率和混合物摩尔组成间的线性关系，还可以用来测定含有已知成分混合物的质量分数。

1. 折射率

光的传播速度和方向并不是在所有的介质中都一样。光经过两个不同的介质时，光速和方向会发生变化。例如，将一根玻璃棒斜插入水中，本来很直的玻璃棒看上去弯了，因为光在空气和水里的传播速度和方向不一致，这种现象称为光的折射。根据折射定律，波长一定的单色光线，在确定的外界条件（如温度、压力等）之下，从一个介质 A 进入另一个介质 B，入射角 α 和折射角 β 的正弦之比和这两个介质的折射率 N（介质 A 的）与 n（介质 B 的）成反比，即

$$\frac{\sin \alpha}{\sin \beta} = \frac{n}{N}$$

若介质 A 是真空，则定其 $N = 1$，于是

$$n = \frac{\sin \alpha}{\sin \beta}$$

所以一个介质的折射率，就是光线从真空进入这个介质时入射角和折射角的正弦之比。物质的折射率不但与物质的结构和光线的波长有关，而且也受温度及压力的影响。所以

折射率的表示必须注明所用的光线和测定时的温度，常用 n_D^t 表示。D 表示用钠灯的 D 线（5 893 Å①）作光源，t 表示测定折射率时的温度。例如 n_D^{20} 表示 20 ℃时，该物质对钠灯 D 线的折射率。由于通常大气压的变化对折射率的影响不显著，所以只有在很精密的工作中，才考虑压力的影响。一般地说，当温度升高一度时，液体有机化合物的折射率降低 $3.5 \times 10^{-4} \sim 5.5 \times 10^{-4}$。为了便于把某一温度下的折射率转换成另一温度下的折射率，一般选用 4.5×10^{-4} 作为温度变化的校正值。如果要测量出准确的折射率，可通过恒温控制装置使温度变化在 0.1 ℃范围以内，测定值精确到万分之一。

2. 折射率的测定——阿贝折光仪

（1）基本原理。测定折射率的仪器构成原理如图 2 – 19 所示。根据折射定律

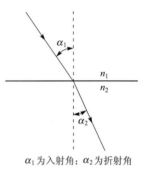

$$n_1 \sin \alpha_1 = n_2 \sin \alpha_2$$

式中，n_1、n_2 为交界面两侧的两种介质的折射率。若光线从光密介质进入光疏介质，入射角小于折射角，改变入射角可以使折射角达到 90°，此时的入射角称为临界角，用 β_0 表示。显然，在一定条件下，β_0 也是一个常数，它与折射率的关系如下

α_1 为入射角；α_2 为折射角

图 2 – 19 折射的基本原理

$$n = \frac{1}{\sin \beta_0}$$

可见，通过测定 β_0 就可以得到折射率。阿贝折光仪测定折射率就是基于测定临界角的原理。

为了测定 β_0 值，阿贝折光仪采用了"半明半暗"的方法，就是让单色光由 0°～90°的所有角度从介质 A 射入介质 B，这时介质 B 中，临界角以内的整个区域均有光线通过，因而是明亮的；而临界角以外的全部区域没有光线通过，因而是暗的。明暗两区域的界限十分清楚。如果在介质 B 的上方用一目镜观测，就可以看见一个界限十分清晰的半明半暗的像。介质不同，临界角也就不同，目镜中明暗两区的界线位置也不一样。如果在目镜中刻上一个"十"字交叉线，改变介质 B 与目镜的位置，使每次明暗两区的界线总是与"十"字交叉线的交点重合，通过测定其相对位置（角度），并经过换算，便可得到折射率。阿贝折光仪上的标尺所刻的读数即是换算后的折射率，可以直接读出。同时，阿贝折光仪有消色散装置，自然光通过这一装置，可以得到单色光，因而测得的数字与用钠光线所测得的一样。

（2）使用方法：

① 将折光仪置于靠窗的桌上或普通的白炽灯前，与恒温槽相连，调节至测定温度。

② 待温度稳定后，分开直角棱镜，小心滴入少量丙酮或乙醇湿润镜面，用擦镜纸擦拭上下镜面，待丙酮或乙醇挥发后，用滴管向镜面滴一小滴样品，小心地关闭棱镜。**注意：不能用滤纸代替擦镜纸，玻璃滴管绝对不能接触棱镜，以免损伤棱镜表面。**

③ 先转动下面的反光镜，使目镜内明亮，明暗界限清晰。

---

① 1 Å = 0.1 nm = 10^{-10} m。

④ 转动消色散转盘，使明暗界限清晰。

⑤ 转动棱镜调节盘，使明暗界限恰好通过"十"字交叉点，此时从刻度尺上读出测试样品的折射率。

⑥ 先测定水的折射率和测定时的温度，与纯水的标准值进行比较，求得折射仪的校正值。

⑦ 以同样的方法测定待测有机物的折射率，并用折射仪的校正值加以校正。

⑧ 测好样品后，用擦镜纸轻轻揩去上下镜面上的液体，再用乙醇或丙酮润湿的擦镜纸擦拭上下镜面，待棱镜干燥后，再旋紧锁钮。

阿贝折光仪不能在较高的温度下使用；对于易挥发和易吸水样品的测量也有些困难；对样品的纯度要求比较高。不同温度下纯水与乙醇的折射率见表 2 – 3。

表 2 – 3　不同温度下纯水与乙醇的折射率

温度/℃	水的折射率 n_D^t	乙醇（99.8%）的折射率 n_D^t
14	1.333 48	—
16	1.333 33	1.362 10
18	1.333 17	1.361 29
20	1.332 99	1.360 48
22	1.332 81	1.359 67
24	1.332 62	1.358 85
26	1.332 41	1.358 03
28	1.332 19	1.357 21
30	1.331 92	1.356 39
32	1.331 64	1.355 57
34	1.331 36	1.354 74

2.4　有机化合物的分离和提纯

重结晶

2.4.1　重结晶及过滤

重结晶（recrystallization）是分离提纯固体有机化合物的一种方法。从有机反应中分离出来的固体有机化合物通常是不纯的，其中常夹杂一些反应副产物、未反应的原料及催化剂等，纯化的方法通常是用合适的溶剂进行重结晶。

1. 重结晶的基本原理

固体有机物在溶剂中的溶解度与温度有着密切的关系。一般是温度升高，溶解度增大。若把固体溶解在热的溶剂中达到饱和，冷却时或加入不良溶剂，由于溶解度下降，溶液变成过饱和溶液而析出结晶。在这一过程中，固体有机物所夹杂的杂质，或在此溶剂中不溶或溶解度很小，可以通过过滤除去；或是在此溶剂中的溶解度很大，留在结晶的母液中，从而达到提纯的目的。

2. 溶剂的选择

在进行重结晶时，溶剂的选择是非常重要的，直接关系到产品的质量、操作的难易，以及经济效益的好坏。选择溶剂时，必须考虑以下几个条件：

（1）不与被提纯物质发生化学反应。

（2）在不同温度，被提纯物质在溶剂中的溶解度相差较大，温度升高，溶解度增加；温度降低，溶解度很小。

（3）对杂质的溶解度非常大（结晶后留在母液中），或者非常小（可以过滤除去）。

（4）容易挥发，易与结晶分离除去。

（5）能给出较好的晶形。

（6）无毒或毒性很小，便于操作，价格低廉。

常用于重结晶的溶剂见表2-4。

表2-4　常用于重结晶的溶剂

溶剂	结构式	沸点/℃	凝固点/℃	与水混溶性	遇火危险性
石油醚	烃的混合物	60~90	<0	-	+ + + +
乙醚	$C_2H_5OC_2H_5$	34.5	-116	-	+ + + +
丙酮	CH_3COCH_3	56.1	-95	+	+ + +
氯仿	$CHCl_3$	61.3	<0	-	0
甲醇	CH_3OH	64.7	-98	+	+ +
乙醇	CH_3CH_2OH	78.3	-114.1	+	+ +
四氯化碳	CCl_4	76.1	<0	-	0
乙酸乙酯	$CH_3COOC_2H_5$	77.2	-86	-	+ +
苯	C_6H_6	80.2	5.5	-	+ + + +
乙酸	CH_3COOH	118.1	16.5	+	+
二甲基甲酰胺（DMF）	$HCON(CH_3)_2$	153	-61	+	+

在重结晶时，应该知道哪一种溶剂最合适及物质在该溶剂中的溶解度。可以通过查阅手册或其他文献来确定，若查不到，可通过实验来决定。其方法是：

取0.1 g待结晶物质的粉末于一个小试管中，用滴管逐滴加入，不断振荡，待加入的溶剂约为1 mL时，注意观察是否溶解，若不溶，可小心加热至沸腾（防止溶剂着火！）。若此物质在1 mL冷的或温热的溶剂中已全部溶解，则此溶剂不适用。如果该溶剂不溶于1 mL沸腾溶剂中，则继续加热，并分批加入溶剂，每次加入0.5 mL并加热至沸。若加入溶剂量达到4 mL，而物质仍然不能全溶，则此溶剂不适用。如果该物质能够溶解在1~4 mL沸腾溶剂中，则将试管冷却，观察结晶析出情况。若结晶不能析出，则该溶剂也不适用。若结晶能正常析出，还要注意结晶的回收率，应当选择回收率较好的溶剂。

若找不到合适的单一溶剂，可选用混合溶剂。所谓混合溶剂，就是把对被结晶物质溶解度很大的(称为良溶剂)和溶解度很小(称为不良溶剂)而又能互溶的两种溶剂混合起来,从而获得良好的溶解性能。常用的混合溶剂有乙醇和水、丙酮和水、乙酸和水、乙醇和乙醚、苯和石油醚、乙醚和丙酮等。

3. 实验操作

(1) 溶解脱色。首先根据所选用的溶剂选择适当的装置及热源。一般选用锥形瓶作为重结晶的容器。如果是易挥发的溶剂,则还应该在锥形瓶的上面加回流冷凝管。容器的大小根据所需溶剂的体积而定,如图 2-20 所示。

将待结晶物质置于锥形瓶中,加入比需要量稍少的溶剂,加热至微沸。若未完全溶解,可再逐次添加溶剂。每次加溶剂后,均需再加热至沸,直至物质完全溶解。为避免热过滤时有固体析出,需再多加20%左右的溶剂。在这一过程中,应特别注意:是否有不溶杂质存在,以免加入过多溶剂;被结晶物质是否在溶解前有熔化现象,而使加入的溶剂量过少。如果含有有色物质,则在全部溶解后,再加入过量20%溶剂,稍冷后加入少量活性炭(固体的1%~5%,用量太多会吸附一些被纯化的物质),再加热煮沸 5~10 min。**注意:不能将活性炭加入正在沸腾的溶液中。**

(2) 趁热过滤。被结晶物质溶于热的溶剂中,经脱色后,要进行过滤,以除去吸附了有色杂质的活性炭和不溶性的杂质。为了避免在过滤时溶液冷却,结晶析出,造成操作困难和产品损失,必须使过滤尽可能快地完成,同时设法保持滤液的温度,称为热过滤。热过滤的方法有两种:一种是常压过滤,另一种是减压过滤。

在进行常压过滤时,一般选用颈短而粗的漏斗。在热过滤以前,要把漏斗预热或使用热水漏斗过滤,如图 2-21 所示。

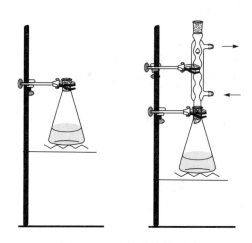

图 2-20 重结晶的装置图

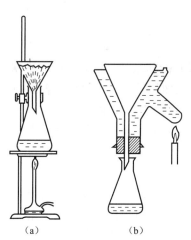

图 2-21 热过滤装置
(a) 短颈漏斗;(b) 热水漏斗

使用热过滤漏斗时,先在金属漏斗夹层内加水,将过滤用玻璃漏斗放在金属漏斗内,然后在侧管处加热。如果用易燃溶剂,在过滤前务必将火熄灭。

热过滤时,滤纸应妥帖地放置于漏斗中,过滤开始前,先用少量热溶剂湿润滤纸,以免干滤纸吸收溶液中的溶剂。漏斗下用锥形瓶接收(仅在用水作溶剂时才能用烧杯接收),并使漏斗紧贴住瓶颈壁。将待过滤的溶液沿玻璃棒小心倒入漏斗中,全部滤毕后,用少量热溶剂洗一下滤纸，把滤纸上的少量结晶洗下去。如果滤纸上的结晶较多，需用刮刀将结晶刮回原来的瓶中，再用适量溶剂溶解过滤。把盛有溶液的锥形瓶用洁净的塞子塞住，放置冷却结晶。

减压热过滤的特点是过滤快，但遇到沸点较低的溶剂，会因减压而使热溶剂沸腾挥发，导致溶液的浓度改变，使结晶过早析出。

减压抽滤使用布氏漏斗，如图 2 - 22 所示。所用滤纸大小应和布氏漏斗的底部恰好合适。减压抽紧滤纸后，迅速将热溶液倒入布氏漏斗中，在过滤的过程中，漏斗里应一直保持较多的溶液。在未过滤完以前不要抽干，也不要使压力降得过低，防止溶剂被抽走。

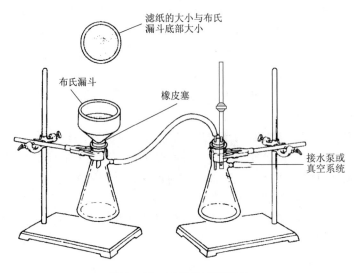

图 2 - 22   减压热过滤装置

（3）冷却结晶。把滤液放在冷水浴中迅速冷却并搅拌，则得到很小颗粒的晶体。小晶体由于表面积较大，吸附在其表面的杂质较多。如果要得到均匀而较大的晶体，可将滤液在室温或保温下静置，使之缓慢冷却。

有时滤液形成过饱和溶液而不析出晶体，在这种情况下，可用玻璃棒摩擦器壁，使溶质分子呈定向排列，而形成结晶的过程较在平滑面上迅速和容易。或者加少许晶种，使晶体迅速形成。

有时被结晶物质呈油状物析出，油状物长期放置也可以固化，但往往含有较多杂质，纯度不高。这时可将析出油状物的溶液重新加热溶解，然后慢慢冷却。当油状物析出时，应剧烈搅拌，使油状物均匀分散而固化，这样包含的母液就大大减少。但最好是重新选择溶剂，从而得到晶形较好的产物。

（4）过滤。为把结晶从母液中分离出来，通常采用布氏漏斗进行减压过滤。布氏漏斗中的滤纸要比漏斗内径略小，使其紧贴于漏斗的底壁。在抽滤前先用少量溶剂把滤纸润湿吸紧，防止吸滤时固体从滤纸边吸入瓶中。用玻璃棒将容器中的液体和晶体分批倒入漏斗中进行抽滤。如果结晶容器中还有较多的固体，则需要打开安全瓶活塞，用吸滤瓶中的滤液洗出容器中的晶体，再按前述方法滤出。关闭水泵前，先打开安全瓶的活塞通大气，将抽滤瓶与水泵间断开，防止水倒流入吸滤瓶中。

布氏漏斗中的晶体用溶剂洗涤，除去结晶表面存在的母液；为减少溶解损失，溶剂用量应尽可能少。洗涤时先要将抽气暂时停止，在晶体表面加少量溶剂，用玻璃棒小心搅动，但不要使滤纸松动或弄破，使所有晶体都润湿。静置一会儿后，再进行抽气。在抽气的同时，用干净的玻璃塞挤压晶体。一般重复洗涤 1～2 次。

如果重结晶的溶剂沸点较高，在用原溶剂洗涤一次后，可用低沸点溶剂（不良溶剂）洗涤，以使最后的产品容易干燥（此溶剂必须与原溶剂互溶而对晶体不溶或微溶）。

如果母液中的溶质较多，可将母液浓缩，回收一部分纯度较低的晶体，再进行重结晶。

（5）结晶的干燥。抽滤后得到的晶体吸附了少量溶剂，必须干燥后才能进行测熔点、定性及定量分析和波谱分析，以免影响鉴定。固体样品的干燥方法通常有以下几种。

空气晾干：将抽干的晶体放在表面皿上铺开晾干，上面用滤纸盖上，以防污染，在室温下放置几天后，就彻底干燥了。

烘干：对热稳定的化合物可以在低于其熔点的温度下用红外灯、蒸汽浴或烘箱等烘干。因存在一些溶剂，晶体可能在较其熔点低的温度下熔融，所以必须注意控制温度并经常翻动晶体。

4. 混合溶剂重结晶

用混合溶剂重结晶时，可以先将两种溶剂按比例混合好，再按单一溶剂操作。也可以按如下方法操作：

（1）按照选择溶剂的方法，试出混合溶剂各自量的比例；

（2）将被重结晶物质加热溶解于适量的良溶剂中；

（3）如果有颜色，加入活性炭脱色；

（4）趁热过滤，除去不溶性杂质或活性炭；

（5）用滴管逐滴加入热的不良溶剂，直至出现混浊，且不再消失为止；

（6）加热使其澄清，若不澄清，可再加极少量的良溶剂，使其刚好澄清；

（7）将此热溶液在室温下放置，冷却析出结晶。

2.4.2　常压蒸馏

分离提纯液体有机化合物常用的方法是蒸馏。蒸馏又分为常压蒸馏、减压蒸馏、分馏和水蒸气蒸馏。常压蒸馏（Simple distillation）可以把挥发性的液体与不挥发物质分开，也可以分离两种或两种以上沸点相差较大（至少 30 ℃以上）的液体有机化合物。

常压蒸馏基本操作

1. 基本原理

液体的分子由于分子运动有从表面溢出的倾向，这种倾向随着温度的升高而增大。实验结果表明，液体的蒸气压与温度有关，即液体在一定温度下具有一定的蒸气压，与体系中存在的液体和蒸气的绝对量无关。将液体加热，它的蒸气压随温度升高而增大。当液体的蒸气压增大到与外界的总压力相等时，就有大量气泡从液体内部逸出，即液体沸腾。这时的温度称为液体的沸点。一般所说的沸点是指在一个大气压（101 325 Pa）下液体的沸腾温度。将液体加热至沸，使液体变为蒸气，然后使蒸气冷却再凝结为液体，这两个过程的联合操作叫作蒸馏。

当一种非挥发性的杂质加到一种纯液体中时，非挥发性杂质会降低液体的蒸气压，使任意温度下的蒸气压都以相同的数值下降，导致液体化合物的沸点升高。但在蒸馏时，温度计所测得的是化合物的蒸气与其冷凝平衡时的温度，此温度与纯液体的沸点是一致的。经过蒸馏可以得到纯粹的液体化合物，从而将非挥发性的杂质分开。

对于一种均相液体混合物，假设是一种理想液体（即相同分子间的相互作用与不同分子间的相互作用相同，各组分在混合时无体积变化，也无热效应产生），其组成与蒸气压之间的关系服从拉乌尔定律

$$p_A = p_A^0 N_A$$

其中，p_A 代表组分 A 的分压；p_A^0 代表在相同温度下纯化合物 A 的蒸气压；N_A 代表 A 在混合液体中所占的摩尔分数。

如果组成混合液的各组分都是挥发性的，总的蒸气压等于每个组分的蒸气压之和（道尔顿分压定律）

$$p_总 = p_A + p_B + p_C + \cdots$$

这种混合溶液的气相组成就含有易挥发的每个组分，用简单蒸馏的方法得不到纯净的化合物。但是在气相中，沸点越低的组分，其含量越高。把挥发出来的蒸气进行冷凝，则冷凝液中，低沸点的组分含量比较高。如果 A、B 两种组分的沸点相差很大（如大于 100 ℃），即使体积相近，经过小心蒸馏，也可以得到较好的分离。当温度恒定时，收集到的馏出液是原来混合液中沸点较低的组分，第一个组分被蒸出后，继续加热，随后第二个组分又以恒定温度被蒸出，两个组分得到分离。如果低沸点组分中含有较少的高沸点组分，则两组分的沸点相差至少 30 ℃ 以上，就可以很好地分离。

如果二者沸点相差不大，不能用普通蒸馏的方法得到分离，必须用分馏的方法。

在通常情况下，纯液体的沸点在大气压下是一定的。若蒸馏过程中沸点发生变化，则说明液体不纯，因此可通过蒸馏来测定液体的沸点，定性地检验物质的纯度。

但是，具有固定沸点的化合物不一定都是纯粹的化合物，因为有些有机物常常组成二元或三元共沸混合物，它们也具有一定的沸点。共沸混合物不能利用蒸馏的方法分开，因为在共沸混合物中，液体平衡的蒸气的组分与液体的组分相同。

虽然蒸馏是提纯液态物质和分离液体混合物的常用方法，但是在下列情况下，用蒸馏的方法不能达到很好的分离目的。

（1）只有沸点相差较大的液体，分离效果比较好，液体沸点相差不大，则很难分离，可选用分馏的方法。

（2）沸点很高的液体，或在沸点附近会发生分解、聚合、氧化等反应的液体，用普通蒸馏很难实现，可选用减压蒸馏。

（3）对于共沸物，无法用蒸馏的方法分离。

2. 蒸馏装置

图 2-23 所示是最常用的蒸馏装置。

图 2-23（a）所示为最常用的蒸馏装置。蒸馏瓶（圆底烧瓶）的高低根据热源的高低确定。热源可以是煤气灯加热，也可以是水浴、油浴、电热套等。

若蒸馏易挥发的低沸点液体，需将接液管的支管连上橡皮管，通向吸收装置。接收瓶外，可加冷却装置，防止过多的蒸气挥发。若需防潮，在支管口接上干燥管。

如果蒸馏沸点在 140 ℃以上的液体，将冷凝管换成没有夹套的空气冷凝管。

图 2 - 23（b）所示为蒸除较大量溶剂的装置，液体可由滴液漏斗中不断滴入，既可调节滴入和蒸出的速度，又可避免使用较大的蒸馏瓶。

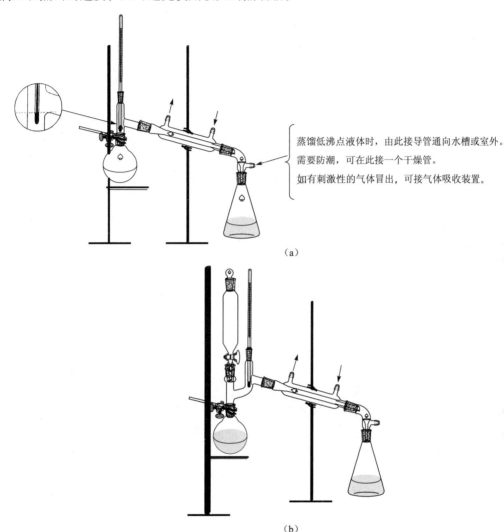

蒸馏低沸点液体时，由此接导管通向水槽或室外。

需要防潮，可在此接一个干燥管。

如有刺激性的气体冒出，可接气体吸收装置。

（a）

（b）

图 2 - 23　蒸馏装置

（a）常用的蒸馏装置；（b）蒸馏较大量溶剂的装置

3. 蒸馏操作

（1）仪器的选择及安装。根据液体的体积选择大小合适的蒸馏瓶，一般液体的体积不能超过瓶容积的 2/3，也不得少于 1/3。安装的顺序一般先从热源开始，由下而上，由左至右。根据热源的高低，先把蒸馏瓶固定在铁架上，根据被蒸馏液体的沸点选择合适的冷凝管，连接好通冷凝水的橡皮管，并把冷凝管固定在另一个铁架上，然后与蒸馏头支管相连，最后接上接液管和接收容器。整套装置要求从正面或侧面看都必须在同一个平面。整套装置必须与大气相通，不能造成密闭装置，否则加热后容易引起爆炸。接收容器应当选择开口较小的容器（锥形瓶、圆底烧瓶等），尤其在蒸馏挥发性较大的液体时，绝对不能用敞口的烧杯。

蒸馏时，温度计的位置很重要，应使温度计处于蒸馏头的中心线上，水银球的上端和蒸馏头侧管的下端处于同一水平面上。

（2）加料。根据具体情况选择加料方法。通常是在装置安装好后，用长颈漏斗加入，然后加入几粒沸石，防止暴沸。

暴沸现象的发生及防止：在沸点时，液体释放出大量蒸气至小气泡中，待气泡中的总压力超过大气压并足够克服由于液柱所产生的压力时，蒸气的气泡就上升逸出液面。因此，假如液体中有许多小气泡或其他汽化中心，液体可以平稳沸腾。如果液体中几乎不存在空气，瓶壁又光滑洁净，形成气泡非常困难，则液体加热时，温度可能上升到超过沸点很多而不沸腾，这种现象称为"过热"。一旦有气泡生成，由于液体在此温度时的蒸气压已大大超过大气压和液柱压力之和，因此气泡上升很快，甚至将液体冲出瓶外，这种不正常的剧烈沸腾叫作"暴沸"。为防止暴沸的发生，在加热前要加入一些助沸物，一般是多孔物质，如瓷片、沸石等。

（3）加热。若使用水冷凝管时，在加热前先接通冷凝水，然后开始加热。加热时可以看到蒸馏瓶中的液体开始沸腾，蒸气逐渐上升（从液面上的瓶壁到瓶颈，逐渐为蒸气润湿），温度计读数略有上升。当蒸气上升到温度计水银球部位时，温度计读数急剧上升。这时应使加热速度略微下降（调小煤气灯火焰，或者降低电炉或电热套的电压），让蒸气上部停留在原处，使瓶颈上部及温度计受热，让水银球上液滴和蒸气温度达到平衡。然后再稍微加快加热速度，进行蒸馏。控制加热，调节蒸馏速度，通常以每秒蒸出 1~2 滴为宜。蒸馏时，加热的速度不能太快，否则蒸气容易过热，由温度计读到的温度较真实沸点偏高。蒸馏速度过慢，由于温度计不能被蒸气充分浸润，使温度计读数偏低或不规则。维持温度计水银球上一直为液体蒸气所浸润，始终能观察到水银球上有冷却的液滴，此时温度计上所示的温度为液体与蒸气平衡时的温度，也即馏出液的沸点。

（4）观察沸点和收集馏液。在准备蒸馏前，至少要准备两个干燥、洁净的接收容器（锥形瓶等小口容器，除了蒸馏水，一般不用大口烧杯接收）。在达到所需蒸出液体的沸点以前，常常会有一些沸点较低的液体先蒸出，这部分馏液称为"前馏分"。随着前馏分的蒸出，温度逐渐上升并趋于稳定，这时蒸出的是较纯的物质。换一个干燥洁净已称重的接收器，分别记下这部分液体开始馏出时和收集到最后一滴时的温度计读数。当一种馏分蒸完后，温度会突然下降。这时要停止加热，即使杂质很少，也不要蒸干，以免蒸馏瓶破裂或发生其他意外。

（5）蒸馏完毕，关闭热源，然后停止通水，拆下仪器。拆除仪器的顺序和装配的顺序相反，先取下接收器，然后拆下接液管、冷凝管等。

液体的沸程通常可以代表它的纯度。纯粹液体的沸程一般不超过 1~2 ℃，对于合成实验的产品，因大部分是从混合物中采取蒸馏方法提纯，由于蒸馏方法的分离能力有限，故在普通有机化学实验中收集的沸程较宽。

2.4.3 分馏

分馏（Fractional Distillation）和蒸馏都是分离提纯液体有机化合物的重要方法。普通蒸馏主要用于分离两种或两种以上沸点相差较大的液体混合物，而分馏是分离提纯沸点相差较小的混合物。分馏在实验室和工业上广泛应用，工程上常称为精馏。

1. 基本原理

如果将几种具有不同沸点又可完全互溶的液体混合物加热，当其总的蒸气压等于外界压力时，就开始沸腾汽化，蒸气中易挥发液体的成分较在原混合溶液中的多。在将此蒸气冷凝后得到的液体中，易挥发组分比在原来的液体中多（蒸气冷凝的过程相当于蒸馏过程）。如果将所得液体再进行汽化，在它的蒸气经冷凝后的液体中，易挥发的组分将增加。如此多次重复，最终将两个组分分开（能形成共沸点混合物的除外）。

分馏原理也可以用沸点－组成图来说明。沸点－组成图使用实验测定，是在各温度时，在气液平衡状态下的气相和液相的组成，然后以横坐标表示组成，纵坐标表示温度而作出的（如果是理想溶液，可由计算得出）。图 2－24 所示是标准大气压下苯－甲苯溶液的沸点组成图。图中下面一条曲线是苯和甲苯不同组分时液体混合物的沸点，上面一条曲线是指在同一温度下，与沸腾液体相平衡时蒸气的组成。从图中可以看出，由苯质量分数 20% 和甲苯质量分数 80% 组成的液体（L_1）在 102 ℃ 沸腾，和此液相平衡的蒸气（V_1）组成为苯质量分数 40% 和甲苯质量分数 60%。若将此组成的蒸气冷凝成同组分的液体（L_2），则与此溶液相平衡的蒸气（V_2）组成约为苯质量分数 70% 和甲苯质量分数 30%。由此可见，在任何温度下气相总是比与之相平衡的沸腾液体有更多的易挥发组分，若经过多次汽化、多次冷凝，最后可将苯和甲苯分开。分馏就是利用分馏柱来实现这一“多次重复”的蒸馏操作。

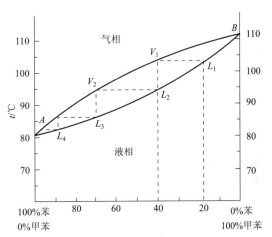

图 2－24　苯－甲苯体系的沸点组成图

分馏柱主要是一根长而垂直、柱身有一定形状的孔管，或者在管中填以特制的填料。总的目的是增大液相和气相接触的面积，提高分离效率。当沸腾着的混合物进入分馏柱（工业上称为精馏塔）时，因为沸点较高的组分容易被冷凝，所以冷凝液中含有较多的高沸点组分，而蒸气中低沸点的成分相对增多。冷凝液向下流动时，又与上升的蒸气接触，二者之间进行热量交换，上升的蒸气中高沸点的物质被冷凝下来，低沸点物质的蒸气仍然上升；而在冷凝液中，低沸点的物质受热汽化，高沸点的物质仍呈液态。如此通过多次液相与气相的热交换，使低沸点的物质不断上升，最后被蒸馏出来，高沸点的物质则不断流回加热的容器中，从而将不同沸点的物质分开。所以，在分馏时，柱内不同高度的各段，其组分是不同的。相距越远，组分差别越大，在柱的动态平衡下，沿着分馏柱存在着组分梯度。

2. 简单分馏装置

实验室中常用的分馏装置包括热源、蒸馏器、分馏柱、冷凝管和接收器五个部分组成，如图 2－25 所示。安装操作与蒸馏装置类似，自下而上，先夹住蒸馏瓶，再装上分馏柱和蒸馏头。分馏柱要垂直，装上冷凝管，夹好夹子，再连接接液管和接收器。

3. 简单分馏操作

简单分馏操作和蒸馏大致相同。仪器安装好后，将待分馏的混合物放入圆底烧瓶中，加入沸石，选择合适的热浴加热，液体沸腾后，注意调节浴温，使蒸气慢慢升入分馏柱。在有馏出液滴出后，调节浴温使蒸出液体的速度控制在每 2~3 s 一滴，这样可以得到比较好的分离效果。待低沸点组分蒸完后，逐渐升高热浴温度，蒸出高沸点组分。一般中间有相当大的中间馏分（除非混合物沸点相差较大或分馏体系可以将混合物组分严格分馏）。

要很好地进行分馏，必须注意以下几点：

（1）分馏一定要缓慢进行，要控制好恒定的蒸馏速度。

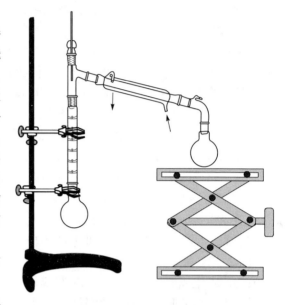

图 2 - 25　简单分馏装置图

（2）要有相当量的液体自柱流回烧瓶中，即要选择合适的回流比。

（3）必须尽量减少分馏柱的热量散失和波动。柱的外层可以用石棉绳包住，既可以减少柱内热量散失，又可以减少外界的影响。

2.4.4　水蒸气蒸馏

水蒸气蒸馏（Steam Distillation）也是分离提纯有机化合物的常用方法之一。经常用来分离含有大量树脂状副产物的混合物，以及从天然产物中分离提取需要的成分。尤其是在从大块固体或焦状物之中分离相对少量的物质时，更显出其独特的优点。而用通常的蒸馏、过滤、提取等方法都是很困难的，有时甚至是不可能的。

水蒸气蒸馏

在难溶或不溶于水的有机物中通入水蒸气或与水一起共热，使有机物随水蒸气一起蒸馏出来，这种操作称为水蒸气蒸馏。水蒸气蒸馏常用于下列几种情况：

（1）在常压下蒸馏易发生分解的高沸点化合物。

（2）混合物中含有大量的固体物质或焦油状物质，使用通常的过滤、蒸馏、提取等方法又很难进行分离。

（3）挥发性的固体有机物，用普通方法蒸馏时，冷凝器容易被冷凝下来的固体物质堵住。

1. 基本原理

当与水不相混溶的物质和水一起存在时，根据道尔顿分压定律，混合物的蒸气压力之和应该是各组分蒸气压之和。即

$$p_{总} = p_{H_2O} + p_A$$

其中，$p_{总}$ 为混合物的蒸气压；p_{H_2O} 为水的蒸气压；p_A 为不溶于水或难溶于水的有机物的蒸

气压。

当 $p_{总}$ 等于一个大气压时，该混合物开始沸腾，显然，混合物的沸点低于任何一个组分的沸点，该有机物在比其正常沸点低得多的温度下被蒸馏出来。根据气体方程式，蒸出的混合蒸气中气体分压之比 p_A/p_{H_2O} 等于它们的摩尔数之比，即

$$\frac{p_A}{p_{H_2O}} = \frac{\dfrac{m_A}{M_A}}{\dfrac{m_{H_2O}}{M_{H_2O}}}, \qquad \frac{m_A}{m_{H_2O}} = \frac{p_A M_A}{p_{H_2O} M_{H_2O}}$$

蒸出混合物的相对质量之比应等于二者的分压与各自相对分子量乘积之比。水具有低的相对分子质量和较大的蒸气压，有可能用来分离较大相对分子质量和较低蒸气压的物质。以苯胺和水为例，二者的混合物在 98 ℃ 沸腾，此时苯胺的蒸气压为 5 335 Pa，水的蒸气压为 95 990 Pa。按上式计算，每蒸出 1 g 苯胺，需要 3.5 g 水蒸气。若有机物的蒸气压太小（100 ℃ 时蒸气压小于 1.33 kPa），一般不用水蒸气蒸馏来提纯。因为效率太低，因此，用水蒸气蒸馏提纯时，被提纯物质必须具备以下条件：

（1）不溶或难溶于水。

（2）与水一起沸腾时不发生化学变化。

（3）在 100 ℃ 左右该物质蒸气压至少在 1.33 kPa 以上。

2. 水蒸气蒸馏装置和操作

水蒸气蒸馏装置如图 2-26 和图 2-27 所示。与蒸馏装置相比，主要是前面增加了一个水蒸气发生器。水蒸气发生器可以用金属制成，也可以用大的玻璃烧瓶。发生器的盛水量一般占其容积的 3/4 左右。安全玻璃管约 50 cm，几乎伸到烧瓶的底部。其作用是观察系统内压的变化。如果系统发生堵塞，水柱沿玻璃管上升，这时应停止加热，检查蒸气导管是否堵塞。蒸气导入管之间用 T 形管相连，下端连有橡皮管和夹子，其作用主要是除去冷凝下来的水，或者当系统堵塞，安全管水柱急剧上升时，打开夹子通大气，防止意外发生。蒸馏瓶可以选择长颈烧瓶，也可以选择三颈烧瓶。为了防止蒸馏瓶中的液体冲入冷凝管中，蒸馏器瓶口应向水蒸气发生器方向倾斜 45° 左右，蒸馏液的体积一般不超过瓶容积的 1/3。蒸气导入管应尽量插入蒸馏瓶底部（但不能与平底接触封死）。蒸馏瓶的另一侧用玻璃管或蒸馏头与冷凝器相连，混合物的蒸气经冷凝管冷却后流入接收瓶中。安装水蒸气蒸馏装置时，应注意发生器与蒸馏瓶之间的蒸气导入管应尽可能短，使进入蒸馏瓶的蒸气温度不要下降过多。蒸馏瓶一端可以略高，防止过多的冷凝水进入蒸馏瓶中，影响蒸馏效果。

仪器装好，检查无误后，放入要分离的混合物，打开 T 形管上的夹子，开始加热水蒸气发生器。水沸腾后，T 形管下口有蒸气冒出，加紧夹子，使蒸气进入蒸馏瓶。蒸馏气体出现后，要控制冷凝水的流量，使馏出物蒸气在冷凝管中完全冷凝下来。如果蒸出的有机物熔点较高，易在冷凝管中析出固体，则应调小或关掉冷凝水，使物质冷凝后仍保持液态流出，防止堵塞冷凝管和接收管。如果发生堵塞，应立即停止蒸馏，疏通体系，再继续蒸馏。

水蒸气蒸馏一般进行到馏出液不再含有油珠而澄清为止。蒸馏结束时，应先打开 T 形管下的夹子，使 T 形管与大气相通，然后再停止加热，防止残留液倒吸入水蒸气发生器中。

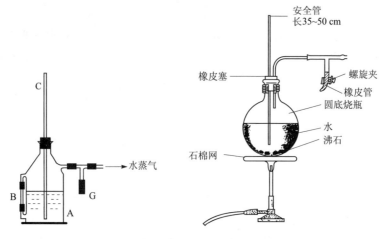

图2-26 水蒸气发生器

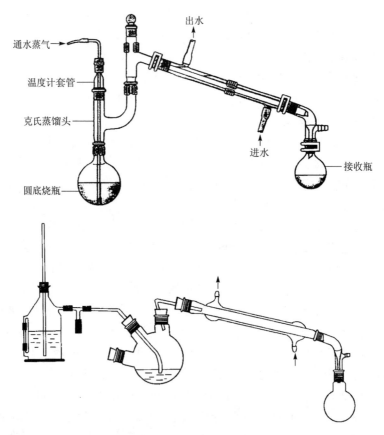

图2-27 水蒸气蒸馏装置图

2.4.5 减压蒸馏

有些液体有机化合物的沸点很高，常压蒸馏很不方便，还有些液体有机化合物在常压蒸馏未达到沸点以前，因受热而发生分解、氧化、重排、聚合等反应，分离提纯这类化合物的方法是减压蒸馏(Vacuum Distillation)。

1. 基本原理

当液体的蒸气压等于外界施于它表面的压力时,液体就发生沸腾。施于它表面的气压高,沸点就高;施于它表面的气压低,沸点就低。因此,降低了液体表面的压力,就降低了液体的沸点。减压蒸馏,就是在常压条件下无法蒸馏的液体,通过降低液体表面的压力,使其在较低的温度下蒸馏出来。

减压蒸馏原理　　减压蒸馏操作

很多已知化合物的沸点和压力的关系可以在手册和文献中查到。有些在文献中查不到,在减压蒸馏时,需先根据经验规律做粗略估算。一般常压沸点在 250～300 ℃ 的化合物,其表面压力降到 20 mmHg 时,沸点比常压沸点低 100～120 ℃;压力减到 20 mmHg 以下时,压力每下降一半,沸点下降 10 ℃。也可以根据图 2 – 28 所示经验曲线取出某一压力下物质的沸点。例如,一个常压下沸点为 250 ℃ 的物质,当表面压力降至 20 mmHg 时,其沸点可以按如下方法得出:先在右边的斜线上找出 20 mmHg 的 A 点,再在中间的直线上找出常压时沸点为 200 ℃ 的 B 点,连接 A、B 两点并延长,使其相交于左边直线上,交点 C 指示的就是压力下降到 20 mmHg 时的相应沸点。在减压蒸馏时,除了记录馏出液的沸程外,还必须记录蒸馏体系的压力。

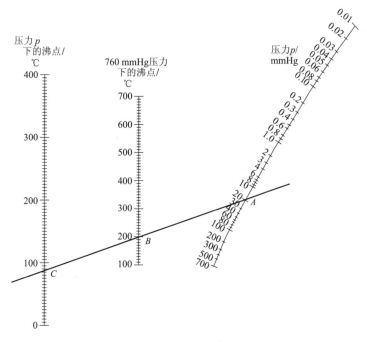

图 2 – 28　压力 – 温度曲线

2. 减压蒸馏的装置

减压蒸馏的装置如图 2 – 29 所示,可以分为蒸馏、抽气减压、保护和测压装置四个部分。

(1) 蒸馏部分:减压蒸馏部分和普通蒸馏的装置主要有两个地方不同。一是使用两个颈的克氏蒸馏头,其目的是防止蒸馏瓶内沸腾的液体因激烈冲撞而跳溅到冷凝器内。蒸馏头

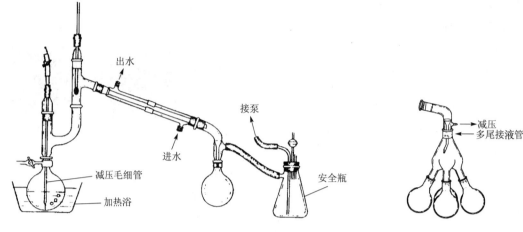

图 2 - 29　减压蒸馏装置

上带有支管的一颈插入温度计，指示馏出液的沸点；另外一颈插入一根底端拉成毛细管的玻璃管，毛细管伸到距瓶底 1 ~ 2 mm 处，用于代替沸石。减压蒸馏时，极少量的空气沿毛细管从蒸馏瓶的底部冒出一连串小气泡，作为液体沸腾的汽化中心。它的上端连接一个带有螺旋夹的橡皮管，以便调节毛细管的进气量。二是可以用多尾接液管代替接液管，在不中断抽气的情况下，收集不同馏分的馏出物。

减压蒸馏装置的磨口接头处均应涂一层真空脂，蒸馏瓶和接收瓶要用耐压的圆底烧瓶或梨形瓶，不能用锥形瓶或其他不耐压的容器。为了避免局部过热，通常选用水浴或油浴加热，而较少用隔石棉网明火加热。控制热浴温度比收集的馏分沸点高 20 ~ 30 ℃。

（2）减压部分：蒸馏体系通常使用水泵或油泵来抽真空。水泵是用玻璃或金属制成的，其效能与其构造、水压及水温有关。水泵所能达到的最低压力为当时室温下的水蒸气压。例如，在水温为 6 ~ 8 ℃ 时，水蒸气压为 0.93 ~ 1.07 kPa；在夏天，若水温为 30 ℃，则水蒸气压为 4.2 kPa。

油泵的效能取决于油泵的机械结构及真空泵油的好坏。油的蒸气压必须很低。好的油泵能抽至真空度为 13.3 Pa。油泵结构精密，工作条件要求较严。如果有挥发性的有机溶剂、水或酸的蒸气进入油泵体系，都会损坏油泵。因为挥发性的有机溶剂蒸气被油吸收后，就会增加油的蒸气压，影响真空效能。酸性蒸气会腐蚀油泵的机件，水蒸气凝结后，与油形成浓稠的乳浊液，也会破坏油泵的正常工作。因此，在使用油泵时，必须十分注意油泵的保护。

（3）保护及真空测量部分：为了防止有害物质进入油泵，保证油泵正常工作，必须在接收管支管和油泵之间依次串联安全瓶、冷却阱和吸收塔，用来捕集低沸点物质、水、酸性物质和有机物蒸气。冷却阱置于盛有冷冻剂的冷藏瓶中，冷冻剂的选用根据需要而定，一般用冰、水混合物。吸收塔分别装有块状无水氯化钙或硅胶、颗粒状氢氧化钠和小块石蜡片，分别用来收集低沸点物质、水及一些烃类（图 1 - 6）。安全瓶可以用普通吸滤瓶改装而成，瓶口要装有两通活塞，用于调节蒸馏体系的压力和解除真空时放气。

减压体系的真空度通常用水银压力计来测量，压力计有开口式和封闭式两种。开口式压力计为 U 形玻璃管，两臂水银柱差是体系压力和当时的大气压力之差，体系的真空度是当时的大气压减去此差值。封闭式水银压力计体积小，使用方便，两臂汞柱高度之差即为体系的真空度。

在用水循环泵抽真空时，通常水泵自身带有压力表，体系的压力是大气压与压力表所示压力的差。但在使用前应用压力计校正一下。

3. 减压蒸馏操作

当被蒸馏物中含有低沸点的物质时，应先进行常压蒸馏，然后用水泵减压蒸去较高沸点物质，最后再用油泵减压蒸馏蒸去高沸点物质。如果减压蒸馏时，真空度要求不是很高，可以直接用循环水泵进行减压蒸馏。

在蒸馏瓶中放置待蒸馏的液体(不超过容积的1/2)。按图 2 - 29 所示装好仪器，检查无误后，打开安全瓶上的二通活塞，开始抽气减压。逐渐关闭二通活塞，调节毛细管上方的螺旋夹，从压力计上观察系统所能达到的真空度。如果因为系统漏气而不能达到所需的真空度，可检查各部分的塞子和橡皮管的连接是否紧密，必要时可用熔融的固体石蜡密封(密封应在解除真空之后进行)。如果超出所需要的真空度，可慢慢打开二通活塞，引入少量空气，调节所需要的真空度。调节螺旋夹，使蒸馏瓶的液体中有连续、平稳的小气泡通过。选择合适的热浴加热蒸馏，加热时，蒸馏瓶至少应有2/3浸入热浴中。在蒸馏过程中，应密切注意温度计和压力计的读数，注意记录压力、沸点等数据。纯物质的沸点范围一般不超过1～2 ℃。如果开始蒸出的馏液的沸点比要收集物质的低，则在蒸至预期温度时，要调换接收瓶。如果用的是多尾接液管，只要转动其位置，就可以收到不同馏分。如果用的是单口接液管，调换接收瓶时，操作比较繁杂。先移去热源，稍冷后，松开毛细管上的螺旋夹，以防止液体吸入毛细管，慢慢打开二通活塞，使其与大气相通，切断电源，更换接收瓶。再重复前面的操作：开泵抽气，调节毛细管空气流量，加热蒸馏，收集所需产物。

蒸馏完毕时，应先移去热浴，稍冷后解除真空(同时调换接收瓶的操作)，使系统内外压力平衡，再关泵。

2.4.6　萃取和洗涤

萃取 (Solvent Extraction) 是有机化学实验中用来提取或纯化有机化合物常用的操作之一。应用萃取可以从固体或液体混合物中提出所需要的物质，也可以用来洗去混合物中少量杂质。通常前者称为"抽提"或"萃取"，后者称为"洗涤"(Solution Washing)。

1. 基本原理

萃取和洗涤的基本原理都是利用物质在互不相溶(或微溶)的溶剂中的溶解度或分配比的不同而达到分离的目的。

分配定律是萃取方法的主要理论依据。物质对不同的溶剂有着不同的溶解度。同时，在两种互不相溶的溶剂中，加入某种可溶性的物质时，它能分别溶解于这两种溶剂中。实验证明，在一定温度下(不发生分解、电解、缔合和溶剂化等作用)，该物质在两种溶剂中的浓度之比是一个定值。不论所加的物质量是多少，都是如此。用公式表示为

$$c_A/c_B = K$$

式中，c_A、c_B 分别表示一种化合物在两种互不相溶的溶剂中的质量浓度；K 是一个常数，称为分配系数。

有机物质在有机溶剂中的溶解度一般比在水中的溶解度大，所以可以将它们从水溶液中

提取出来。在萃取时，若在水溶液中加入一定量的电解质（如氯化钠），利用盐析效应以降低有机物和萃取溶剂在水溶液中的溶解度，常可提高萃取效果。

用得较多的有机溶剂有乙醚、苯、四氯化碳、氯仿、石油醚、醋酸酯等。为了除去有机物中的少量酸、碱等，一般用 5% 的氢氧化钠、5% 或 10% 的碳酸钠或碳酸氢钠、稀盐酸、稀硫酸等洗涤有机化合物，使杂质酸或碱与萃取剂反应形成盐而更多地进入水相。

要把所需的化合物从溶液中完全萃取出来，通常萃取一次是不够的，必须重复萃取数次。当用一定量的溶剂萃取或洗涤时，是一次萃取好呢，还是多次萃取好呢？利用分配定律的关系，通过简单的推导可以得出结论。

设：V 为原溶液的体积，W_0 为萃取前化合物的总量，W_1 为萃取一次后化合物剩余量，W_2 为萃取两次后化合物剩余量，W_n 为萃取 n 次后化合物剩余量，V_e 为萃取溶剂的体积。

经一次萃取，原溶液中该化合物的质量浓度为 W_1/V，而萃取溶剂中该化合物的质量浓度为 $(W_0 - W_1)/V_e$，两者之比等于 K，即

$$\frac{W_1/V}{(W_0 - W_1)/V_e} = K$$

整理后

$$W_1 = W_0 \frac{KV}{KV + V_e}$$

同理，经两次萃取后，则有

$$\frac{W_2/V}{(W_1 - W_2)/V_e} = K$$

即

$$W_2 = W_1 \frac{KV}{KV + V_e} = W_0 \left(\frac{KV}{KV + V_e} \right)^2$$

因此，经 n 次萃取后，有

$$W_n = W_0 \left(\frac{KV}{KV + V_e} \right)^n$$

当用一定量溶剂萃取时，希望在水中的剩余量越少越好。而上式中 $KV/(KV + V_e)$ 总是小于 1，所以 n 越大，W_n 就越小。也就是说，把溶剂分成几份，做多次萃取比用全部量的溶剂做一次萃取效果好，即按照"少量多次"原则。但应注意，上面的公式适用于几乎和水不互溶的溶剂，如苯、四氯化碳等。而与水有少量互溶的溶剂，如乙醚，上面公式只是近似的，但还是可以定性地指出预期的结果。

2. 实验操作

（1）液 - 液萃取。

① 液 - 液分次萃取。在实验中用得最多的是水溶液中物质的萃取。最常使用的萃取器皿为分液漏斗，如图 2 - 30 所示。其中，图 2 - 30（a）为球形分液漏斗，图 2 - 30（b）为长锥形分液漏斗。漏斗越长，摇振之后分层所需的时间也越长。当两液体密度相近时，采用球形分液漏斗较为合适，但球形分液漏斗在分液时，液面中心会下陷，呈旋涡状，且两液层

的界面中心也会下陷，因而不易将两液层完全分开，故当界面下降至接近下端旋塞时，放出液体的速度必须非常缓慢。锥形分液漏斗由于锥角较小，一般无此缺点。

- 选择一个容积较液体体积大一倍以上的分液漏斗，把活塞涂好润滑脂或凡士林，检查是否漏水。

- 将分液漏斗架在铁圈上，关闭下端旋塞，先加入被萃取溶液，再加进萃取剂（一般为被萃取溶液体积的 1/3 左右），总体积不得超过分液漏斗容积的 3/4。塞上顶塞（**顶塞不要涂抹凡士林。较大的分液漏斗塞子上有通气侧槽，漏斗颈部有侧孔，应稍加旋动，使通气槽与侧孔错开**）。

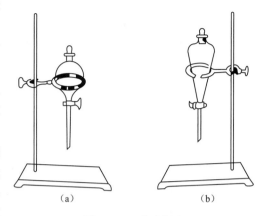

图 2 - 30　分液漏斗
（a）球形；（b）长锥形

- 取下分液漏斗，先把分液漏斗倾斜，使漏斗的上口略朝下，右手捏住上口颈部，并用食指根部压紧塞子，以免盖子松开，用左手拇指、食指和中指控制漏斗的旋塞，控制旋塞的方式既要防止振摇时旋塞转动或脱落，又要便于灵活地旋开旋塞，如图 2 - 31 所示。

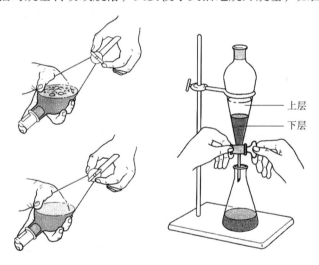

上层
下层

图 2 - 31　分液漏斗的振摇和分液

- 轻轻振摇后，将漏斗的上口向下倾斜，下部支管斜向上方，打开活塞"放气"。如此重复几次至放气时压力很小，再剧烈振摇几次。将漏斗放回铁圈中静置。当使用低沸点溶剂，**如乙醚、苯或用碳酸钠溶液中和酸性溶液时，漏斗内部会产生很大的气压，及时放出这些气体尤其重要，否则，因漏斗内部压力过大，会使溶液从玻璃塞子处渗出，甚至可能冲掉塞子，造成产品损失或打掉塞子。特别严重时会造成事故。**每次"放气"之后，要注意关好活塞，再重复振摇。振摇结束时，打开活塞做最后一次"放气"，然后将漏斗重新放回铁圈上去。旋转顶塞，使出气槽对准漏斗颈部的侧孔，静置，使乳浊液分层。

- 待分层清晰后，打开上面顶塞，在分液漏斗下放置一个容量合适的锥形瓶，将活塞缓缓旋开，使下层液体放至锥形瓶中。开始时可稍快一点，当分层液面接近活塞时，应稍慢一点。

- 上层液体由上面漏斗口倒出，不可以从活塞放下，以免被残留在漏斗颈中的下层液体玷污。

一般情况下，液层分离后，密度大的溶剂在下层，有关溶剂密度的知识可用来鉴定液层。但也有例外，因为溶质的性质及浓度可能使两种溶剂的相对密度颠倒过来，所以要特别留心。为保险起见，最好将两液层都保留，直至对每一液层确认无误为止，否则可能误将所需要的液层弃去。如果遇到两液层分辨不清的情况，可用简便方法鉴定：在任一层中取少量液体加入水，若不分层，说明取液的一层为水层，否则为有机层。

应当使含有所需物质的溶剂层不要带水，也没有絮状物，否则会给以后的纯化处理带来很大麻烦。

在萃取时，特别地，当溶液呈碱性时，常常会产生乳化现象；有时由于溶剂互溶或两液相相对密度相差较小，使两液相很难明显分开；有时会产生一些絮状沉淀，夹杂在两液相之间。以上情况都使分离困难。破坏乳化和除去絮状物的办法有如下几种：

- 较长时间静置；
- 加入少量电解质，以增加水的相对密度，由于盐析效应使有机化合物在水中溶解度降低，可破坏乳化现象；
- 若溶液为弱碱性，可加入少量稀酸，以破坏乳化现象和絮状物；
- 有时也可加入少量乙醇或其他第三种溶剂；
- 若被萃取液中含有表面活性剂而造成乳化，只要条件允许，即可用改变溶液 pH 的方法来使之分层；
- 若被萃取液中存在少量轻质固体，在萃取时，常聚集在两相交界面处，使分层不明显，可以将混合物过滤后再静置分层。

选择作为萃取剂的有机溶剂时，既要考虑对被萃取物质的溶解度大，又要顾及萃取后易于与该物质分离，因此，所选溶剂的沸点最好低一点。一般水溶性比较小的物质可用石油醚萃取，水溶性较大的物质（极性较大）可用乙醚萃取，水溶性更大的，可用乙酸乙酯萃取。由于有机溶剂或多或少溶于水，所以，第一次萃取时，溶剂用量要比以后几次多一些。

也可选用 5%～10% 的氢氧化钠、碳酸钠、碳酸氢钠水溶液或稀盐酸、稀硫酸及浓硫酸等作为萃取剂。碱性萃取剂可以从有机相中移出有机酸，或从有机化合物中除去酸性杂质（使酸性杂质形成钠盐而溶于水中）。稀盐酸及稀硫酸可以从混合物中萃取出有机碱或除去碱性杂质。浓硫酸可以从饱和烃中除去不饱和烃或从卤代烷中除去醇、醚等杂质。

②液-液连续萃取。当有机化合物在被萃取液体中的溶解度大于在萃取剂中的溶解度时，必须用大量溶剂并经过多次萃取才能达到萃取的目的。然而，处理大量溶剂既费时，又费事，也不经济，而使用较少溶剂分多次萃取也相当麻烦。为了提高萃取效率，减少溶剂用量和被纯化物的损失，多采用连续萃取装置，使溶剂在萃取后能自动流入加热器，受热汽化，冷凝变为液体再进行萃取。如此循环，即可萃取出大部分物质。此法萃取效率高，溶剂用量少，操作简便，损失较小。使用连续萃取方法时，根据所用溶剂的相对密度小于或大于被萃取溶液相对密度的条件，应采取不同的实验装置，如图 2-32～图 2-35 所示。

图 2 - 32 和图 2 - 33 为重溶剂萃取器。它们适用于用密度较大的溶剂从密度较小的溶液中萃取有机物，如用氯仿萃取水溶液中的有机物。萃取时，加热支管下部的圆底瓶，蒸气沿上支管升腾进入冷凝管，冷凝的液滴在下落途中穿过轻质溶液并对之萃取，然后落入底部萃取剂层中。萃取剂的液面升至一定高度后，即从下支管流回圆底瓶中，继续蒸发萃取。若萃取剂密度小于溶液密度，萃取剂就不能自上而下穿过溶液层，这时宜采用图 2 - 34 所示的轻溶剂萃取器。它是让从冷凝管中滴下的轻质萃取剂进入内管，内管液面高于外管液面，靠这段液柱的压力将轻质萃取剂压入底部，并从内管下部逸出进入外管，轻质萃取剂即可自下而上地穿过较重的溶液层并对其萃取。当萃取剂液面升至支管口时，即从支管流入圆底瓶，在圆底瓶中受热蒸发重新进入冷凝管。图 2 - 35 所示为轻/重溶剂均适用的萃取器。

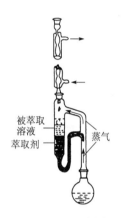

图 2 - 32　重溶剂
萃取器

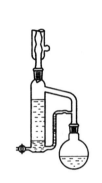

图 2 - 33　重溶剂
萃取器

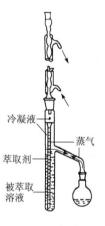

图 2 - 34　轻溶剂
萃取器

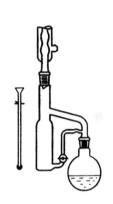

图 2 - 35　轻/重溶剂
萃取器

（2）固体物质的萃取。

① 固 - 液分次萃取。

• 长期浸泡法：用溶剂一次次地将固体物质中的某个或某几个成分萃取出来，可直接将固体物质加于溶剂中浸泡一段时间，然后滤出固体，再用新鲜溶剂浸泡。如此重复操作，直到基本萃取完全后，合并所得萃取液，减压浓缩并回收溶剂，再用其他方法分离纯化。药厂中常用此法萃取，但效率不高，时间长，溶剂用量大，实验室不常采用。

• 回流提取法：以有机溶剂作为提取溶剂，在回流装置中加热进行，也可采用反复回流法，即第一次回流一定时间后，滤出提取液，加入新鲜溶剂，重新回流，如此反复数次，合并提取液，减压浓缩并回收溶剂。

② 固 - 液连续萃取。脂肪提取器（图 2 - 36）是利用溶剂回流及虹吸原理，使固体物质连续不断地为纯的溶剂所萃取，因而效率较高。但对受热易分解或变色的物质不宜采用。高沸点溶剂也不适用此法。萃取前，先将固体物

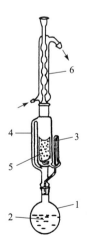

图 2 - 36　脂肪提取器

1—烧瓶；2—萃取溶剂；3—虹吸管；

4—侧管；5—被萃取物；6—冷凝管

质研细，以增加固体物质浸润的面积，然后将它放在滤纸套内，置于提取器中。在圆底烧瓶中放置萃取溶剂和几粒沸石，装上冷凝管。加热溶剂使其沸腾，溶剂蒸气经冷凝管冷凝成液体并滴入提取筒中，当液面超过虹吸管顶端后，萃取液自动流入烧瓶中，萃取出部分物质，再蒸发溶剂。如此循环，直到萃取物质大部分被萃取出来为止。固体中可溶性物质富集于烧瓶中，然后用其他方法将萃取物质从溶液中分离出来。

③ 其他萃取技术介绍。

● 超临界萃取简介：超临界萃取（Supercritical Extraction）是指以超临界流体（Supercritical Fluid，SCF）为萃取剂的萃取分离技术。所谓超临界流体，即处于临界温度（T_c）和临界压力（p_c）以上的流体。与常温常压下的气体和液体比较，超临界流体具有两个特性：一是密度接近于液体，具有类似于液体的高密度，因而对溶质有较大的溶解度；二是黏度近似于气体，具有类似于气体的低黏度，故易于扩散和运动，其传质速率远远高于液相过程。能作为超临界流体的化合物有二氧化碳、氨、乙烯、丙烷、丙烯、水等。其中超临界流体 CO_2 具有最适合的临界点数据，其临界温度为 31.06 ℃，接近室温；临界压力为 7.39 MPa，比较适中；临界密度为 0.448 g/cm^3，是常用超临界溶剂中最高的（合成氟化物除外），而高密度使其具有较好的溶解能力。此外，CO_2 性质稳定、无毒、不易燃易爆、价格低廉，因而是最常用的超临界流体。

近年来，超临界 CO_2 流体萃取技术广泛应用于中草药有效成分提取。从已有的研究报道看，该技术可用于生物碱、醌类、香豆素、木质素、黄酮类、皂苷类、多糖、挥发油等中药有效成分的提取。

● 超声波萃取简介：超声波（Supersonic Wave）是指频率高于 20 kHz，人的听觉阈以外的声波。超声波萃取（Supersonic Wave Extraction）是利用超声波具有的机械效应、空化效应及热效应，通过增大介质分子的运动速度，增大介质的穿透力而进行萃取的实验技术。

机械效应：超声波在介质中传播可使介质质点在其传播空间内产生振动，从而强化介质的扩散、传质，这就是超声波的机械效应。超声波在传播过程中产生一种辐射压强，沿声波方向传播，对物料有很强的破坏作用，可使细胞组织变形，植物蛋白质变性；同时，它还可给予介质和悬浮体以不同的加速度，且介质分子的运动速度远大于悬浮体分子的运动速度，从而在两者之间产生摩擦，这种摩擦力可使生物分子解聚，使细胞壁上的有效成分更快地溶解于溶剂之中。

空化效应：通常情况下，介质内部或多或少地溶解了一些微气泡，这些气泡在超声波的作用下产生振动，当声压达到一定值时，气泡由于定向扩散而增大，形成共振腔，然后突然闭合，这就是超声波的空化效应。这种增大的气泡在闭合时会在其周围产生高达几千个大气压的压力，形成微激波，它可造成植物细胞壁及整个生物体破裂，而且整个破裂过程瞬间完成，有利于有效成分的溶出。

热效应：和其他物理波一样，超声波在介质中的传播过程也是一个能量的传播和扩散过程，即超声波在介质的传播过程中，其声能可能不断被介质的质点吸收，介质将所吸收的能量全部或大部分转化为热能，从而导致介质本身和药材组织温度升高，增大了药物有效成分的溶解度，加快了有效成分的溶解速度。由于这种吸收声能引起的药物组织内部温度的升高是瞬时的，因此可以使被提取的成分的结构和生物活性保持不变。

此外，超声波还可以产生许多次级效应，如乳化、扩散、击碎、化学效应等，这些作用也促进了植物体中有效成分的溶解，促使药物有效成分进入介质，并与介质充分混合，加快了提取过程的进行，并提高了药物有效成分的提取率。

● 微波萃取简介：微波萃取(Microwave-asisted Extraction)主要基于微波热特性的萃取分离技术。微波(Microwave，MW)又称超高频电磁波，其频率范围为 $3 \times 10^2 \sim 3 \times 10^5 \, MHz$。为了规范微波的应用，避免相互间产生干扰，国际公约规定，工业、民用及科学研究中使用的微波频率为 $(915 \pm 25) \, MHz$、$(2\,450 \pm 13) \, MHz$、$(5\,800 \pm 75) \, MHz$、$(22\,125 \pm 125) \, MHz$。我国目前使用的微波频率为 915 MHz(大功率设备)和 2 450 MHz(中、小功率设备)。

微波加热的原理有两个方面：一是"介电损耗"（或称"介电加热"），具有永久偶极的分子接受微波辐射后，以每秒数十亿次的速度高速旋转，产生热效应；二是"离子传导"，离子化的物质在超高频电磁场中高速运动，因摩擦而产生热效应。对于生物样品，微波辐射导致细胞内极性物质尤其是水分子吸收微波能量而产生大量的热量，使细胞内温度迅速上升，液态水汽化产生的压力将细胞膜和细胞壁冲破，形成微小的孔洞，再进一步加热，细胞内部和细胞壁水分减少，细胞收缩，表面出现裂纹。孔洞和裂纹的存在，使细胞外溶剂易于进入细胞内，从而溶解并释放细胞内的产物。

微波具有很强的穿透力，可使试样内外同时加热，它区别于传统的热传导和热对流的外加热，具有加热速度快、受热体系均匀、可控潜力强等特点。

一般微波萃取设备必须具备以下基本条件：① 微波发生功率足够，工作状态稳定；② 有温控装置；③ 微波泄漏符合安全要求。用大于 10 mW 量程的漏场仪在距离被测处 5 cm 处检测，漏场强度应小于 5 mW/cm^2。微波萃取系统（Microwave-asisted Extraction Process，MAP）的基本流程如图 2 - 37 所示。

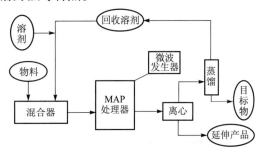

图 2 - 37　微波萃取系统示意图

目前，已有微波技术用于生物碱、黄酮、多糖、苷类、挥发油等中药有效成分提取的研究报道，但该方法不适用于热敏性物质（如蛋白质、多肽等）的提取。

2.4.7　干燥和干燥剂

在进行有机化学实验时，试剂及产品的干燥是非常重要的。例如，很多有机化学反应需要在绝对无水的条件下进行(如格氏试剂的制备等)，因此，反应中所用试剂都应绝对干燥；另外，在提纯产物(如液体有机物在蒸馏前，通常要先行干燥以除去水分，从而达到减少前馏分或破坏有机物与水形成的共沸混合物的目的) 或对产物进行物理常数测定(如固体有机物熔点的测定)、波谱分析之前，都必须进行干燥，否则会影响测试结果的准确性。

干燥的方法大致分为两种，即物理方法和化学方法。物理方法有吸附、分馏、利用共沸蒸馏将水分带走等。近年来也常用多孔性的离子交换树脂和分子筛脱水，这些脱水剂都是固体，利用其内部的孔穴吸附水分子，而一旦加热到一定温度时，又释放出水分子，故可以重复使用。

化学方法是用干燥剂去水。根据去水作用不同，可分为两类：

①与水可逆地结合形成水合物，如氯化钙、硫酸镁和硫酸钠等；

② 与水起化学反应，生成新的化合物，如金属钠、五氧化二磷和氧化钙等。

1. 液体有机化合物的干燥

（1）利用分馏或二元、三元共沸混合物来除水分。对于不与水生成共沸混合物的液体有机物，例如甲醇和水，沸点相差较大，可以用精密分馏柱分开。有时利用与水形成共沸物的特性，向待干燥的有机物中加入另一有机物，利用此有机物与水形成最低共沸点的性质，在蒸馏时逐渐将水带出，从而达到干燥的目的。例如，工业上制备工业乙醇的方法之一就是将苯加到 95% 乙醇中进行共沸蒸馏。

（2）使用干燥剂干燥。

① 干燥剂的选择：液体有机化合物的干燥，通常是用干燥剂与液体直接接触，因而所用的干燥剂必须不与该物质发生化学反应或具有催化作用，且不溶于该液体中。例如，酸性物质不能用碱性干燥剂；由于氯化钙易与醇、胺等形成络合物，因此不能用来干燥这些液体。

液体的干燥还要考虑干燥剂的吸水容量和干燥效能。吸水容量是指单位质量干燥剂所吸收的水量；干燥效能是指达到平衡时液体的干燥程度。所以，在干燥含水量较多而又不易干燥的化合物时，常先用吸水量较大的干燥剂除去大部分水，然后再用干燥性能强的干燥剂干燥。通常第二类干燥剂的干燥效能较第一类的高，但吸水量较小，所以都是用第一类干燥剂干燥后，再用第二类干燥剂干燥除去残留的水分。而且只在需要彻底干燥的情况下才使用第二类干燥剂。常用干燥剂的性能与应用范围见表 2-5。

表 2-5　常用干燥剂的性能与应用范围

干燥剂	吸水作用	吸水容量	干燥效能	干燥速度	应用范围
氯化钙	形成 $CaCl_2 \cdot nH_2O$ $n=1, 2, 4, 6$	0.97 按 $CaCl_2 \cdot 6H_2O$ 计	中等	较快，但吸水后表面为薄层液体所盖，故放置时间应长一些	能与醇、酚、胺及某些醛、酮形成络合物，因而不能用来干燥这些化合物。工业品中含有氢氧化钙和碱或氧化钙，不能用来干燥酸
硫酸镁	形成 $MgSO_4 \cdot nH_2O$ $n=1, 2, 4,$ $5, 6, 7$	1.05 按 $MgSO_4 \cdot 7H_2O$ 计	较弱	较快	中性，应用范围较广，可代替 $CaCl_2$，并可以干燥酯、醛、酮、腈、酰胺等不能用 $CaCl_2$ 干燥的化合物
硫酸钠	$NaSO_4 \cdot 10H_2O$	1.25	弱	缓慢	中性，一般用于有机物的初步干燥
硫酸钙	$2CaSO_4 \cdot H_2O$	0.06	强	快	中性，常与硫酸镁（钠）配合，作最后干燥之用
碳酸钾	K_2CO_3	0.2	较弱	慢	弱碱性，用于干燥醇、酮、酯、胺及杂环等碱性化合物，不适于酸、酚及其他酸性化合物

续表

干燥剂	吸水作用	吸水容量	干燥效能	干燥速度	应用范围
氢氧化钾（钠）	溶于水	—	中等	快	碱性，用于干燥胺、杂环等碱性化合物，不能用于干燥醇、酯、醛、酮、酸、酚等
金属钠	$Na + H_2O \rightarrow$ $NaOH + \frac{1}{2}H_2$	—	强	快	限于干燥醚、烃类中痕量水分。用时切成小块或压成钠丝
氧化钙	$CaO + H_2O \rightarrow$ $Ca(OH)_2$	—	强	较快	适用于干燥低级醇类
五氧化二磷	$P_2O_5 + 2H_2O \rightarrow$ $2H_3PO_4$	—	强	快，但吸水后表面为黏浆液覆盖，操作不便	适用于干燥醚、烃、卤代烃、腈等中的痕量水分。不适用于干燥醇、酸、胺、酮等
分子筛	物理吸附	约 0.25	强	快	适用于各类有机化合物的干燥

② 干燥剂的用量：干燥剂的用量可以根据干燥剂的吸水量和水在有机溶剂中的溶解度来估计，一般用量都比理论量高，同时也要考虑分子的结构。干燥极性有机化合物和含亲水基团的化合物时，干燥剂用量需稍稍多一些。干燥剂用量要适当，用量少则干燥不完全，用量过多，则因干燥剂表面吸附，将造成被干燥有机物的损失。一般用量为 10 mL 的液体需 0.5～1 g 干燥剂。但由于液体中的水分含量不等，干燥剂的质量、颗粒大小和干燥时的温度不同等因素，在实际操作中，通常根据干燥剂的形态来确定干燥剂的用量是否足够。

③ 实验操作：在干燥前，应将被干燥液体中的水分尽可能分离干净，不应有任何可见的水层。加入干燥剂后，振摇片刻，静置观察，若发现干燥剂附着瓶壁或互相粘连，通常表示干燥剂用量不够，应继续添加。加入干燥剂后，要放置一段时间（至少 0.5 h）并不断振摇，使干燥剂与水能充分接触反应，达到干燥的目的。干燥剂的颗粒大小要适当，颗粒太大，表面积小，吸水缓慢；颗粒过细，吸附有机物较多，且难分离。

2. 固体化合物的干燥

固体有机物在结晶（或沉淀）滤集过程中常吸附一些水分或有机溶剂。干燥时应根据被干燥有机物的特性和欲除去的溶剂的性质选择合适的干燥方式。常见的干燥方式有：

（1）在空气中晾干。对于那些热稳定性较差且不吸潮的固体有机物，或当结晶中吸附有易燃的挥发性溶剂如乙醚、石油醚、丙酮等时，可以放在空气中晾干（盖一层滤纸，以防灰尘落入）。

（2）红外线干燥。红外灯和红外干燥箱是实验室中常用的干燥固体物质的器具。它们都是利用红外线穿透能力强的特点，使水分或溶剂从固体内的各个部分迅速蒸发出来，所以干燥速度较快。红外灯通常与变压器联用，根据被干燥固体的熔点高低来调整电压，控制加热温度，以避免因温度过高而造成固体的熔融或升华。用红外灯干燥时，应注意经常翻搅固体，这样既可加速干燥，又可避免"烤焦"。

（3）烘箱干燥。烘箱多用于对无机固体的干燥，特别是对干燥剂、吸附剂的焙烘或再生，如硅胶、氧化铝等。熔点高的不易燃有机固体也可用烘箱干燥，但必须保证其中不含易燃溶剂，而且要严格控制温度，以免造成熔融或分解。

（4）真空干燥箱。当被干燥的物质数量较大时，可采用真空干燥箱。其优点是使样品维持在一定的温度和负压下进行干燥，干燥量大，效率较高。

（5）干燥器干燥。凡易吸潮或在高温干燥时会分解、变色的固体物质，可置于干燥器中干燥。用干燥器干燥时，需使用干燥剂。干燥剂与被干燥固体同处于一个密闭的容器内但不相接触，固体中的水或溶剂分子缓缓挥发出来并被干燥剂吸收。因此，对干燥剂的选择原则主要考虑其能否有效地吸收被干燥固体中的溶剂蒸气。表 2-6 列出了常用干燥剂可以吸收的溶剂，供选择干燥剂时作参考。

表 2-6 干燥固体的常用干燥剂

干燥剂	可以吸收的溶剂蒸气
CaO	水、醋酸（或氯化氢）
$CaCl_2$	水、醇
NaOH	水、醋酸、氯化氢、醇和酚
浓 H_2SO_4	水、醋酸、醇
P_2O_5	水、醇
石蜡片	醇、醚、石油醚、苯、甲苯、氯仿、四氯化碳
硅胶	水

实验室中常用的干燥器有以下三种：

① 普通干燥器（图 2-38）：是由厚壁玻璃制作的上大下小的圆筒形容器，在上、下腔接合处放置多孔瓷盘，上口与盖子以磨砂口密封。必要时可在磨口上加涂真空油脂。干燥剂放在底部，被干燥固体放在表面皿或结晶皿内置于瓷盘上。

② 真空干燥器（图 2-39）：与普通干燥器大体相似，只是顶部装有带活塞的导气管，可接真空泵抽真空，使干燥器内的压强降低，从而提高干燥速度。应该注意，真空干燥器在使用前一定要经过试压。试压时要用铁丝网罩罩住或用布包住，以防破裂伤人。使用时，真空度不宜过高，一般在水泵上抽至盖子推不动即可。解除真空时，进气的速度不宜太快，以免吹散了样品。真空干燥器一般不宜用硫酸作干燥剂，因为在真空条件下硫酸会挥发出部分蒸气。如果必须使用，则需在瓷盘上加放一盘固体氢氧化钾。所用硫酸应是密度为 $1.84\ g/cm^3$ 的浓硫酸，并按照每 1 L 浓硫酸 18 g 硫酸钡的比例将硫酸钡加入硫酸中，当硫酸浓度降到 93% 时，有 $BaSO_4 \cdot 2H_2SO_4 \cdot H_2O$ 晶体析出，再降至 84% 时，结晶变得很细，即应更换硫酸。

③ 真空恒温干燥器（干燥枪）：对于一些在烘箱和普通干燥器中干燥或经红外线干燥还不能达到分析测试要求的样品，可用真空恒温干燥器（干燥枪，图 2-40）干燥。其优点是干燥效率高，尤其是除去结晶水和结晶醇效果好。使用前，应根据被干燥样品和被除去溶剂的性质选好载热溶剂（溶剂沸点应低于样品熔点），将载热溶剂装进圆底烧瓶中。将装有样品的"干燥舟"放入干燥室，接上盛有五氧化二磷的曲颈瓶，用水泵或油泵减压。加热使溶剂回流，溶剂的蒸气充满夹层，样品就在减压和恒温的干燥室内被干燥。每隔一定时间抽气

一次，以便及时排出样品中挥发出来的溶剂蒸气，同时可使干燥室内保持一定的真空度。干燥完毕后，先去掉热源，待温度降至接近室温时，缓慢地解除真空，将样品取出置于普通干燥器中保存。真空恒温干燥器只适用于少量样品的干燥。

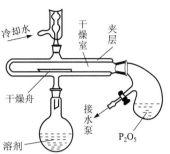

图 2 - 38　普通干燥器　　　图 2 - 39　真空干燥器　　　图 2 - 40　真空恒温干燥器

3. 气体的干燥

　　实验室中临时制备的或由储气钢瓶中导出的气体在参加反应之前往往需要干燥；进行无水反应或蒸馏无水溶剂时，为避免空气中水汽的侵入，也需要对可能进入反应系统或蒸馏系统的空气进行干燥。气体的干燥方法有冷冻法和吸附法两种。冷冻法是使气体通过冷却阱，气体受冷时，其饱和湿度变小，其中的大部分水汽冷凝下来留在冷却阱中，从而达到干燥的目的。吸附法是使气体通过吸附剂(如变色硅胶、活性氧化铝等)或干燥剂，使其中的水汽被吸附剂吸附或与干燥剂作用而除去或基本除去，以达到干燥的目的。干燥剂的选择原则与液体干燥的相似。表 2 - 7 列出了干燥气体时常用的一些干燥剂。使用固体干燥剂或吸附剂时，所用的仪器为干燥塔、干燥管、U 形管 (图 2 - 41)。所用干燥剂应为块状或粒状，切忌使用粉末，以免吸水后堵塞气体通路，并且装填应紧密而又有空隙。如果干燥程度要求高，可以连接两个或多个干燥装置。如果这些干燥装置中的干燥剂不同，则应使干燥效能高的靠近反应瓶一端，吸水容量大的靠近气体来路一端。气体的流速不宜过快，以便水汽被充分吸收。如果被干燥气体是由钢瓶导出的，应当在开启钢瓶并调好流速之后再接入干燥系统，以免因流速过大而发生危险。如果用浓硫酸作干燥剂，则所用仪器为洗气瓶 (图 2 - 42)，此时应注意将洗气瓶的进气管直通底部，不要将进气口和出气口接反了。在干燥系统与反应系统之间一般应加置安全瓶，以避免倒吸。浓硫酸的用量宜适当，太多则压力过大，气体不易通过，太少则干燥效果不好。干燥系统在使用完毕之后应立即封闭，以便下次使用。如果所用干燥剂已失效，应及时更换。吸附剂如失效，应取出再生后重新装入。

表 2 - 7　干燥气体时所用的干燥剂

干 燥 剂	可干燥的气体
石灰、碱石灰、固体氢氧化钠(钾)	NH_3，胺类等
无水氯化钙	H_2，HCl，CO_2，CO，SO_2，N_2，O_2，低级烷烃，醚，烯烃，卤代烃
五氧化二磷	H_2，CO_2，CO，SO_2，N_2，O_2，烷烃，乙烯
浓硫酸	H_2，CO_2，CO，N_2，Cl_2，HCl，烷烃
溴化钙、溴化锌	HBr

图 2 - 41   干燥管、干燥塔和 U 形管

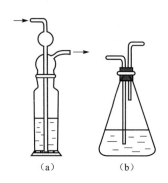

（a）   （b）

图 2 - 42   洗气瓶

2.5   色谱分离技术

色谱法（Chromatography）是分离、纯化和鉴定有机化合物的重要方法之一，具有极其广泛的用途。色谱法的基本原理是利用混合物中各组分在某一物质中的吸附或溶解性能（即分配）的不同，或其他亲和作用性能的差异，使混合物的溶液流经此种物质，进行反复的吸附和分配，从而将各组分分开。流动的混合物称为流动相；固定的物质称为固定相（可以是固体或液体）。根据组分在固定相中的作用原理不同，可分为吸附色谱、分配色谱、离子交换色谱、排阻色谱等；根据操作条件不同，又可分为柱色谱、纸色谱、薄层色谱，以及气相色谱和高压液相色谱。

2.5.1   薄层色谱

薄层色谱又称薄层层析（Thin Layer Chromatography），常用 TLC 表示。常用的有吸附色谱和分配色谱两类。薄层色谱的特点是所需样品少（几微克到几十微克）、分离时间短（几分钟到几十分钟）、效率高，是一种微量、快速、简便的分离分析方法。可用于样品精制、化合物鉴定、跟踪反应进程和柱色谱的先导（即为柱色谱摸索最佳条件）等。

薄层色谱原理

1. 原理

薄层色谱是将吸附剂或支持剂均匀地涂在干净的玻璃板上，经干燥、活化后，点上待分离的样品，用适当极性的有机溶剂作为展开剂。当展开剂在吸附剂上展开时，由于样品中各组分对吸附剂的吸附能力不同，发生了无数次吸附和解吸附过程，吸附能力弱的组分随流动相迅速向前移动，吸附能力强的组分移动慢。利用各组分在展开剂中溶解能力和被吸附剂吸附能力的不同，最终将各组分彼此分开。如果各组分本身有颜色，则薄层板干燥后会出现一系列高低不同的斑点。如果本身无颜色，则可用各种显色方法显色，确定斑点的位置。在薄板上，混合物的每个组分上升的高度与展开剂上升的高度之比称为该化合物的 R_f 值，又称比移值，如图 2 - 43 所示。

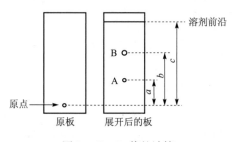

图 2 - 43 R_f 值的计算

$$R_f = \frac{溶质移动的距离}{溶剂移动的距离}$$

例如

$$R_{fA} = \frac{a}{c}, \ R_{fB} = \frac{b}{c}$$

对于一个化合物，当实验条件相同时，其 R_f 值应当是一样的。但是在实验过程中，很难做到实验条件完全一样，因此，在鉴定化合物时，经常采用和标准化合物对照的方法。

薄层吸附色谱最常用的吸附剂是硅胶和氧化铝。化合物的吸附能力与它们的极性成正比，极性大，则与吸附剂的作用强，随展开剂移动慢，R_f 值小；反之，极性小，则 R_f 值大，因此，利用硅胶或氧化铝薄层色谱可把不同极性的化合物分开，甚至结构相似的顺反异构体也可以分开。各类有机化合物与上述两类吸附剂的亲和力大小次序大致如下：

羧酸 > 醇 > 伯胺 > 酯、醛、酮 > 芳香族硝基化合物 > 卤代烃 > 醚 > 烯 > 烷

2. 薄层板的制备和活化

薄层板制备的好坏直接影响到分离的效果，吸附剂应尽可能涂得牢固、均匀，厚度约为 1 mm。

薄层板的制法有平铺法和浸渍法两种。平铺法是将调好的吸附剂用薄层涂布器制板或者铺在清洁干燥的玻璃片上，用手轻轻摇振，使表面均匀平滑。浸渍法则是把两块干净的玻璃片背靠背贴紧，浸入调制好的吸附剂中，取出后分开、晾干。把涂好的薄层板置于室温晾干后，放在烘箱内加热活化，活化条件根据需要而定。硅胶板一般在烘箱中渐渐升温，维持 $105 \sim 110 ℃$ 活化 30 min。氧化铝板在 200 ℃烘 4 h 可得活性Ⅱ级的薄层，$150 \sim 160 ℃$烘 4 h 可得活性Ⅲ ~ Ⅳ级的薄层。薄层板的活性与含水量有关，其活性随含水量的增加而下降。活化后的薄层板放在干燥器内备用，以防吸湿失活，影响分离效果。

3. 点样

通常将样品溶于低沸点溶剂(丙酮、甲醇、乙醇、氯仿、乙醚和四氯化碳等)配成 1% 溶液，用直径小于 1 mm 的毛细管吸取样品溶液。垂直轻轻点在起点线(起点线距薄层一端 1 cm 左右) 上，斑点的直径为 $1 \sim 2$ mm。如溶液太稀，一次点样不够，待溶剂挥发后，再重复点样。点样间距为 $1 \sim 1.5$ cm，如图 2 – 44 所示。

4. 展开剂的选择和展开

展开剂的选择依据主要是样品的极性、溶解度和吸附剂的活性等因素。溶剂的极性越大，则对化合物解析的能力越强，也就是说，R_f 值也越大。如果样品各组分 R_f 值都较小，则可加入适量极性较大的溶剂。常用展开剂极性大小次序如下：己烷和石油醚 < 环己烷 < 四氯化碳 < 三氯乙烯 < 二硫化碳 < 甲苯 < 苯 < 二氯甲烷 < 氯仿 < 乙醚 < 乙酸乙酯 < 丙酮 < 丙醇 < 乙醇 < 甲醇 < 水 < 吡啶 < 乙酸。

薄层色谱的展开需要在密闭容器内进行。将选择的展开剂倒入层析槽或层析缸中(液层高度约 0.5 cm)，待容器内溶剂蒸气达到饱和后，再将点好样的薄层板放入槽或缸中进行展开，如图 2 – 45 所示。注意，点样的位置必须在展开剂液面之上。当展开剂前沿上升到板顶端 $5 \sim 10$ mm 处时，取出薄板，用铅笔画出前沿的位置并晾干。

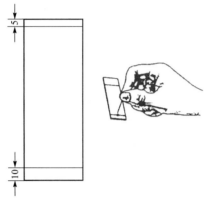

图 2-44　在薄层板上点样

图 2-45　薄层板的展开

5. 显色

晾干后，若分离的化合物本身有颜色，在薄层板上可以看到分开的各组分斑点。如果本身无颜色，但分子结构中存在共轭体系，有紫外吸收，可用含有荧光剂的薄层板，在紫外光下一般呈现暗色斑点；有时用腐蚀性的显色剂如浓硫酸、浓盐酸和浓磷酸等显色；也可待溶剂挥发后，把薄层板放入有几粒碘并充满碘蒸气的密闭容器中，许多化合物都与碘形成黄色斑点，但要注意，当碘挥发后，斑点易消失。除此之外，也可在薄层板上溶剂挥发之前用显色剂喷雾显色。用各种方法使斑点出现后，应立即画出斑点的位置和形状，并计算 R_f 值。

6. 薄层层析在有机化学实验中的应用

薄层层析一方面可以检出少至 10^{-7} g 的物料，另一方面，使用涂层较厚（500 μm 以上）的制备性大板，一次可分离 $0.2 \sim 0.5$ g 物料，因此应用范围比较广泛。薄层层析应用的主要限制是不能用于挥发性物质，因为它们会从板上挥发掉。以下是有机化学实验中薄层色谱的主要用途。

（1）确定两个化合物是否相同。在同一个板上并排点两个化合物的样品，展开后，若它们的 R_f 值相同，则它们可能是同一化合物，若 R_f 值不同，则肯定不是同一化合物。

（2）确定化合物的纯度。不论用何种溶剂展开，单纯物质一般只出现一个斑点。若有多个斑点，则肯定是混合物，且可知其中的组分数目。但有时也有例外，例如极性相似的异构体混合物，有时很难找到一种溶剂使它们分开，虽然是混合物，也只出现一个斑点。

（3）用作柱层析的先导和监控柱层析的分离。当拟用柱层析分离一个混合物时，可先用薄层层析选择最佳溶剂，这样可以节省许多时间。只要所用吸附剂相同，在薄层层析中能使组分得到最佳分离的溶剂多半在柱上也会非常有效。同时，又可用薄层层析监控柱层析效果，只要把每批柱层析流出液进行薄层层析，便可确定其中含有何种组分，从而了解柱层析的进程。

（4）监控有机反应进程。可在反应过程中不同时间取出反应混合物样品进行薄层分析。如图 2-46 所示，此例中要求的反应是 A 转变成 B，在反应开始时（0 h），制备一片点上纯 A、纯 B 及反应混合物的薄层载片，到 0.5 h、1 h、2 h 和 3 h 时再制备类似的载片。这些载片表明，反应在 2 h 已经完成，反应超过 2 h，一个新的化合物，即副产品 C 开始出现，这样即可判断适宜的反应时间是 2 h。

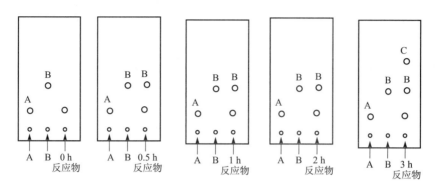

图 2 - 46　反应的监控

2.5.2　柱色谱

1. 原理

柱色谱(Column Chromatography)是分离提纯复杂有机化合物的重要方法，可用于分离较大量的有机物。图 2 - 47 所示是一般柱色谱装置。柱内装有表面积很大，经过活化的吸附剂，如氧化铝、硅胶等。从柱顶加入样品溶液，当溶液流经吸附柱时，各组分被吸附在柱的上端，然后从柱上方加入洗脱剂，由于各组分吸附能力不同，在固定相上反复发生吸附—解析—再吸附的过程，它们随洗脱剂向下移动的速度不同，于是形成了不同色带，如图 2 - 47所示。继续用溶剂洗脱时，吸附能力最弱的组分，首先随着溶剂流出，吸附能力强的组分后流出，分别收集洗脱剂。如各组分为有色物质，则可按色带分开，若为无色物质，可在溶剂洗脱时，分别收集洗脱液，再逐一用薄层色谱鉴定。

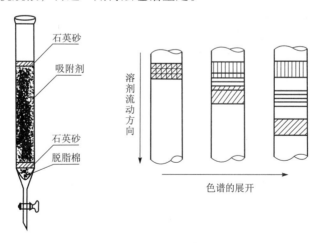

图 2 - 47　色谱柱及色谱的展开

2. 吸附剂

常用的吸附剂有氧化铝、硅胶、氧化镁和活性炭等。选择的吸附剂决不能与被分离的物质和溶剂发生化学反应，不能溶于所用的溶剂。吸附剂一般要经过纯化和活性处理，颗粒大小应当均匀。对吸附剂来说，颗粒小，表面积大，吸附能力高。但是颗粒小时，溶剂的流速太慢，因此根据实际分离需要而定。供柱色谱使用的氧化铝有酸性、中性和碱性三种。酸性氧化铝是用1%盐酸浸泡后，用蒸馏水洗至 pH 为 4 ~ 5，适用于分离酸性物质，如有机酸的分离。中性氧化铝的 pH 为 7.5，适用于分离中性物质，如醛、酮、醌和酯的分离。碱性氧化铝 pH 为 9 ~ 10，适用于分离碳氢化合物，以及生物碱、胺等化合物。

吸附剂的活性与吸附剂的含水量有关，大多数吸附剂都有较强的吸水作用，而且水又不易被其他化合物置换，因此，含水量低的吸附剂活性较高。另外，吸附剂的吸附能力也与被分离物质和所用的洗脱剂有关。如氧化铝对各类化合物的吸附能力按以下次序递减：

酸、碱 > 醇、胺、硫醇 > 酯、醛、酮 > 芳香族化合物 > 卤代物、醚 > 烯 > 饱和烃

在洗脱过程中，极性小的化合物首先被洗脱下来。

3. 洗脱剂

洗脱剂的选择非常重要，通常根据被分离物质中各组分的极性、溶解度和吸附剂的活性等来考虑。首先将要分离的样品溶于一定体积的溶剂中，选用的溶剂极性应低，体积要小。如有的样品在极性低的溶剂中溶解度较小，可加入少量极性大的溶剂，使溶液体积不要太大。色层的展开首先使用极性小的溶剂，使最容易洗脱的组分分离。然后加入不同比例的极性溶剂配成洗脱剂，将极性较大的化合物自色谱柱中洗脱下来。常用洗脱剂的极性按如下次序递增：

己烷和石油醚 < 环己烷 < 四氯化碳 < 三氯乙烯 < 二硫化碳 < 甲苯 < 苯 < 二氯甲烷 < 氯仿 < 乙醚 < 乙酸乙酯 < 丙酮 < 丙醇 < 乙醇 < 甲醇 < 水 < 吡啶 < 乙酸

所用的溶剂必须纯粹和干燥，否则会影响吸附剂的活性和分离效果。

4. 操作方法

（1）装柱。吸附柱色谱的分离效果不仅依赖于吸附剂和洗脱剂的选择，而且与制成的色谱柱有关，一般要求柱中吸附剂用量为被分离样品量的 30 ~ 40 倍，若有需要，可增至 100 倍。柱高和直径之比一般是 75:1。

装柱之前，先将空柱洗净干燥，垂直固定在铁架上，在柱底铺一层玻璃棉或脱脂棉，再在上面覆盖一层厚 0.5 ~ 1 mm 的石英砂。装柱的方法有干法和湿法两种。

湿法：先将溶剂倒入柱内约柱高的 3/4，然后再将一定量的吸附剂和溶剂调成糊状，从柱的上面倒入柱内，同时打开柱下活塞，控制流速为每秒一滴，用木棒或套有橡皮的玻璃棒轻轻敲打柱身，使吸附剂慢慢而均匀地下沉，装好后再覆盖 0.5 ~ 1 mm 的沙子。在整个操作过程中，柱内的液面始终要高出吸附剂。

干法：在柱子上端放一个干燥的漏斗，使吸附剂均匀连续地通过漏斗流入柱子，同时轻轻敲击柱身，使装填均匀。加完后，再加入溶剂，使吸附剂全部润湿，在吸附剂上面盖一层沙子。再继续敲击柱身，使沙子上层呈水平。

一般湿法比干法装得结实均匀。但无论用哪种方法，都应注意：

①不能使柱内吸附剂中有裂缝和气泡。

②吸附剂高为柱高的 3/4。

柱子一经润湿后不能再变干，使吸附剂上面总有溶剂，否则，柱子将出现裂缝并有气泡侵入。

（2）加样及洗脱。当溶剂降至吸附剂表面时，把已配成适当浓度的样品沿着管壁加入色谱柱（也可用滴管加入），并用少量溶剂分几次洗涤柱壁上所沾的样品。开启下端活塞，

使液体慢慢流出。在柱上安装一个装有洗脱剂的滴液漏斗，当溶液液面与吸附剂表面相齐时，打开滴液漏斗活塞进行洗脱，控制洗脱液流出速度每秒一滴。如洗脱速度太慢，可用减压或加压的方法加速，但一般不宜太快。

（3）洗脱液的收集。当样品各组分有颜色时，可直接观察，分别收集各组分洗脱液。若样品各组分无色，则分段收集，再用其他方法（如薄层色谱）鉴定。

2.5.3　气相色谱

1. 原理

在层析的两相中用气相作流动相的是气相色谱（Gas Chromatography，GC）。气相色谱仪按固定相状态的不同，又可以分为气－固色谱和气－液色谱两种。气－固色谱的固定相使用固体吸附剂，如硅胶、氧化铝和分子筛等，分离原理与吸附柱层析法基本相似，主要是利用混合物中各组分在吸附剂表面吸附能力的不同而达到分离的目的。气－液色谱的固定相是吸附在惰性固体（称为担体）上的高沸点液体，通常称这种高沸点液体为固定液。气－液色谱分离原理是依据被分离组分在固定液中溶解度的差别，当样品随载气流入色谱柱时，样品中各组分在固定液和流动的气相中进行反复多次平衡，使各组分以不同速率流经色谱柱，从而得以分离。固定液的种类繁多，可以根据被分离混合物的特性选择适宜的固定液。色谱柱中的分离过程如图 2－48 所示。

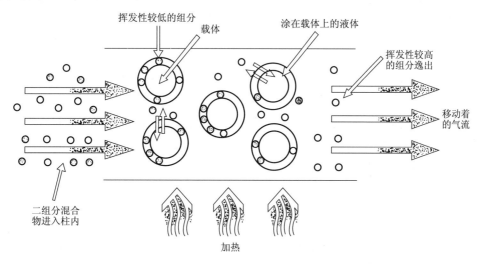

图 2－48　色谱柱中的分离过程

2. 气相色谱仪

气相色谱仪由汽化室、进样器、色谱柱、检测器、记录仪和收集器组成，如图 2－49 所示。

色谱柱是进行分离的主要部件。通常是将一根内径 3~6 mm、长 1~3 m 的金属管（不锈钢、紫铜管、铝管等）弯成 U 形或螺旋形而制成。柱中可填充吸附剂如硅胶、活性炭或分子筛（气－固色谱），或者填充表面涂有固定液的担体（气－液色谱柱）。另一种是毛细管色谱柱，它是一根内径为 0.2~0.8 mm 的玻璃毛细管，内壁涂以固定液，长可达几十米，其优点是分离效率高，可用于复杂样品的快速分析。

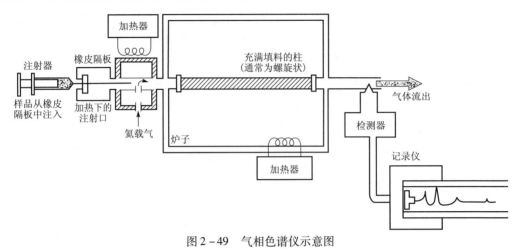

图2-49　气相色谱仪示意图

气-液色谱柱分离效率的高低首先取决于固定液的选择。在固定液中溶解组分的挥发依赖于它们之间的作用力。固定液的选择通常要求固定液的结构、性质、极性与被分离的组分相似或相近。性质相似，分子间作用力强，组分在固定液中溶解度就大，保留时间也长，有利于组分的分离。

担体的作用是使固定液在其表面形成一个均匀的薄膜。作为担体，应满足如下要求：① 比表面积大；② 表面没有吸附中心或吸附性极弱，与样品不起化学反应；③ 机械强度高，热稳定性好；④ 粒度均匀。用于气相色谱的担体大致可分为硅藻土和非硅藻土两大类。

通常使用的检测器有热导检测器和氢火焰离子化检测器。

热导检测器是将两根材料相同、长度一样且电阻值相等的热敏电阻丝作为惠斯通电桥的两臂，利用含有样品的载气与纯载气热导率的不同，引起热敏丝的电阻值发生变化，使电桥电路不平衡，产生信号。将此信号放大并记录下来，就得到一条检测器电流对时间的变化曲线，通过记录仪画在纸上得到一张色谱图。

氢火焰离子化检测器主要是一个离子室，离子室以氢火焰作为能源，在氢火焰附近设有收集极与发射极，在两极之间加有$150 \sim 350$ V的电压，形成直流电。当样品组分从色谱柱流出后，由载气携带与氢气汇合，然后从喷口流出，并与进入离子室的空气相遇，在燃烧着的氢火焰高温作用下，样品组分被电离，形成正离子和电子。在直流电场的作用下，正离子和电子向极性相反的电极运动，从而产生微电子信号，利用微电子放大器测定离子流的强度，最后由记录仪进行记录。与热导池相比，氢火焰检测器的灵敏度高得多。

3. 气相色谱分析

在测量时，先将载气调节到所需流速，经纯化干燥后进入色谱柱。把汽化室、色谱柱和检测器都调节到所需操作温度。待基线稳定后，用微量注射器进样，样品汽化后，随载气流入色谱柱。由于各组分在气相和固相中分配系数不同，在柱中经过多次平衡，使分离后的组分先后进入检测器。检测器将各组分的浓度定量地转换成电信号，经放大后在记录仪上记录下来，根据记录的电信号-时间曲线可以进行定性化定量分析。图2-50所示是气相色谱流出曲线。从进样开始到第一组分色谱峰定点所需的时间间隔为t_1，即为第一组分的保留时间。t_2为第二组分的保留时间，$W_{1/2}$为半峰宽，两者的乘积即为峰的面积，据此可以进行定量计算。如果色谱仪连有电子计算积分仪，就可直接得到色谱峰的保留时间和峰面积等数据。

利用保留时间进行定性分析是气相色谱最方便、最常用的方法。在色谱条件相同的情况下，一个化合物的保留时间是一个特定常数，无论这个化合物是以纯的组分或以混合物注入，这个值都是不变的。因而保留时间可以用于化合物的定性鉴定。但是由于许多有机物有相同的沸点，在特定的色谱条件下具有相同的保留时间，因而不能只根

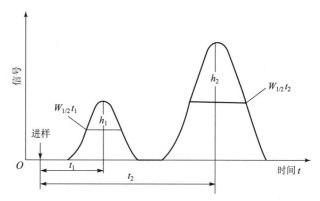

图 2 - 50　气相色谱流出曲线

据一个色谱柱上的保留时间就完全肯定它们为同一化合物。为了准确地鉴定未知物，必须至少用两种以上极性不同的固定液进行分析，如果未知物和已知物在不同的固定液上都有相同的保留时间，说明是同一化合物。如果未知物和已知物在相同的色谱条件下，在任意一种柱子上保留时间不同（±3%），则认为是不同的。如果通过气相色谱鉴定未知样的纯度，通常是在两种固定液的情况下都只出现一个峰时，认为该物质是单一的。

2.5.4　高压液相色谱

高压液相色谱（High Pressure Liquid Chromatography）又称高效液相色谱（High Performance Liquid Chromatography，HPLC）。高压液相色谱是近 30 年发展起来的一种高效、快速的分离分析有机化合物的仪器。它适用于那些高沸点、难挥发、热稳定性差、离子型的有机化合物的分离与分析。作为分离分析的手段，气相色谱和液相色谱可以互补。就色谱而言，它们的差别主要在于前者的流动相是气体，后者的流动相是液体。与柱色谱相比，高压液相色谱具有方便、快捷、分离效果好、溶剂用量少等优点。高压液相色谱使用的吸附剂颗粒比柱色谱要小得多，因此需要采用高的进柱压（大于 9.8 MPa）以加速色谱分离过程。液相色谱的流动相在分离过程中有较重要的作用，因此，在选择流动相时，不但要考虑到检测器的需要，同时又要考虑在分离过程中所起的作用。常用的流动相有正己烷、异辛烷、二氯甲烷、水、乙腈、甲醇等。在使用前一般都要过滤、脱气，必要时需要进一步纯化。常用的固定相有全多孔型、薄壳型、化学改性型等。

高压液相色谱流程和气相色谱流程的主要差别在于气相色谱是气流系统，而高压液相色谱则是由储液罐、高压泵等系统组成，流程如图 2 - 51 所示。

高压液相用的色谱柱大多数为内径 2 ~ 5 mm、长 25 cm 以内的不锈钢管。常用的检测器有紫外检测器、折光检测器、传动带氢火焰离子检测器、荧光检测器、电导检测器等。一般采用往复泵作为高压液相色谱系统中的高压泵。

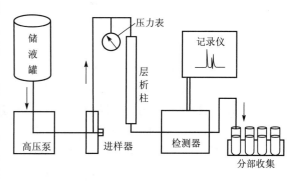

图 2 - 51　高压液相色谱流程

2.6　波谱技术

　　有机化合物结构的测定，是有机化学的重要组成部分，是从分子水平认识物质世界的基本手段。在有机化学的发展过程中，很长一段时间都是用化学实验的方法了解有机化合物结构的信息。这些经典的方法具有样品和试剂的消耗量大、步骤多和周期长等特点，鉴定一个化合物非常困难，有的需要长达数十年的时间。随着科学技术的进步，近几十年来发展起来的波谱方法已经成为非常重要的研究结构的手段。用现代的仪器，不仅试样的用量少（微克级或更少），测定分子结构快速、准确，而且还能探索到分子间各种聚集态的结构和构型状况，对生命科学及材料科学的发展是极其重要的。在众多的物理方法中，紫外光谱（Ultraviolet Spectroscopy，UV）、红外光谱（Infrared Spectroscopy，IR）、核磁共振谱（Nuclear Magnetic Resonance Spectroscopy，NMR）和质谱（Mass Spectroscopy，MS）是应用最为普遍的。除质谱外，紫外光谱、红外光谱和核磁共振谱都是利用不同波长的电磁波对有机分子进行作用，本节将对红外光谱和核磁共振两种方法加以介绍。

2.6.1　红外光谱

　　自20世纪50年代以来，红外光谱已经广泛用于有机化合物的结构分析。作为一种吸收光谱，红外光谱主要用来迅速鉴定分子中含有哪些官能团，以及鉴定两个化合物是否相同。

1. 基本原理

　　有机化合物可以吸收红外光区的电磁波，所吸收的能量可以引起分子内原子或原子团振动速度加快、振幅增大。分子内的振动是量子化的，不同的振动，在红外光谱区都有特定的吸收。用红外光照射试样分子，引起分子中振动能级的跃迁，得到红外吸收光谱。红外光谱以波长 λ（一般以 μm 为单位）或波数（以 cm^{-1} 为单位）为横坐标，表示吸收峰的位置；以透射比 T（以 % 表示）为纵坐标，表示吸收强度。

　　分子内的振动方式可以分为两种：伸缩振动和弯曲振动。伸缩振动是原子沿键轴方向的振动，键长发生变化，键角不变；弯曲振动为原子垂直于化学键的振动，键角发生变化，键长不变。

　　伸缩振动的频率取决于成键原子的质量和键的强度。含有较轻原子的化学键的伸缩振动吸收峰频率大于含有较重原子的吸收频率。三键的吸收频率比双键的大，而双键的吸收频率比单键的大。

　　吸收峰的强度与振动过程中偶极矩的变化有关。偶极矩变化大的振动，吸收峰强；偶极矩变化小的振动，吸收峰弱。如果振动过程没有引起偶极矩的变化，则不会有相应的吸收峰。如对称炔烃的伸缩振动无偶极矩变化，不引起红外吸收。

2. 有机化合物基团的特征频率

　　表2-8列出了各类有机化合物的特征频率。

表 2-8　各类有机化合物的特征频率

键的振动类型		频率/cm^{-1}	波长/μm	强　度
C—H	烷基（伸缩）	3 000 ~ 2 850	3. 33 ~ 3. 51	强
	—CH$_3$（弯曲）	1 450 ~ 1 375	6. 90 ~ 7. 27	中
	—CH$_2$—（弯曲）	1 465	6. 83	中
	烯烃（伸缩）	3 100 ~ 3 300	3. 23 ~ 3. 33	中
	（弯曲）	1 700 ~ 1 100	5. 88 ~ 10. 1	强
	芳烃（伸缩）	3 150 ~ 3 050	3. 17 ~ 3. 28	强
	（面外弯曲）	1 000 ~ 700	10. 0 ~ 14. 3	强
	炔烃（伸缩）	3 300	3. 03	强
	醛基	2 900 ~ 2 800 2 800 ~ 2 700	3. 45 ~ 3. 57 3. 57 ~ 3. 70	弱 弱
C=C	烯烃	1 680 ~ 1 600	5. 95 ~ 6. 25	中 – 弱
	芳烃	1 600 ~ 1 400	6. 25 ~ 7. 14	中 – 弱
C≡C	炔烃	2 250 ~ 2 100	4. 44 ~ 4. 76	中 – 弱
C=O	醛基	1 740 ~ 1 720	3. 75 ~ 5. 81	强
	酮	1 725 ~ 1 705	5. 80 ~ 5. 87	强
	羧酸	1 725 ~ 1 700	5. 80 ~ 5. 88	强
	酯	1 750 ~ 1 730	5. 71 ~ 5. 78	强
	酰胺	1 700 ~ 1 640	5. 88 ~ 6. 10	强
	酸酐	1 810, 1 760	552, 568	强
C—O	醇、醚、酯、羧酸	1 300 ~ 1 000	7. 69 ~ 10. 0	强
O—H	醇、酚（游离）	3 650 ~ 3 600	2. 74 ~ 2. 78	中
	氢键	3 400 ~ 3 200	2. 94 ~ 3. 12	中
	羧酸	3 300 ~ 2 500	3. 03 ~ 4. 00	中
N—H	伯胺和仲胺	3 500	2. 86	中
C≡N	氰基	2 260 ~ 2 240	4. 42 ~ 4. 46	强
N=O	硝基	1 600 ~ 1 500 1 400 ~ 1 300	6. 25 ~ 6. 67 7. 14 ~ 7. 69	强 强
C—X	氟	1 400 ~ 1 000	7. 14 ~ 10. 0	强
	氯	800 ~ 600	12. 5 ~ 16. 7	强
	溴、碘	<600	>16. 7	强

3. 红外谱图的解析

红外光谱中 4 000 ~ 1 300 cm^{-1} 的高频区称为基团的特征频率区，简称特征区。该区域主要出现含氢原子的单键及各种三键、双键的伸缩振动吸收峰。含 X—H 键的官能团折合质量小，含重键的官能团的力常数大，它们的伸缩振动频率高，且受分子其余部分的影响小，因而具有较高的特征性。特征区内吸收峰少，易辨认，原则上该区每一个吸收峰都与每一个具体的官能团相对应。特征区内的羰基吸收峰很少与其他吸收峰重叠，吸收强度大，是最容易识别的吸收峰。

1 000 ~ 650 cm^{-1} 的低频区称为指纹区。该区域主要出现各种单键的伸缩振动及各种弯曲振动的吸收。各种单键的力常数相差不大，相对原子质量相近，因而吸收峰出现的区域相近，加之各种弯曲振动的能级差小，故该区域的吸收峰特别密集。分子结构稍有不同，此区吸收就会有明显的差异，如同人的指纹，故称指纹区。除对映异构体外，每个化合物都有自身特有的指纹光谱。

每个官能团都有几种振动方式，每种红外活性振动一般产生一个相应的吸收峰。习惯上把这种相互佐证、相互依存的吸收峰称为相关峰。例如，甲基—CH$_3$ 的相关峰为 C—H 不对称伸缩振动吸收峰（2 960 cm^{-1}）、C—H 对称振动吸收峰（2 870 cm^{-1}）、C—H 面内弯曲振动吸收峰（1 470 cm^{-1}）。

利用红外谱图，可以鉴定已知化合物。用被测物的标准试样与被测物在相同条件下测定红外光谱，若吸收峰的位置、强度和形状完全相同，可认为是同一物质（对映异构体除外）。若无标准试样而有标准谱图，可查阅标准谱图。查阅时，应注意被测物与标准谱图所用试样的状态、制样方法、所用仪器的分辨率是否相同。

利用红外谱图还可以结合分子式推测结构简单的化合物的结构。对于结构复杂的分子，红外光谱只能给出官能团的信息，必须配合其他方法推测分子的结构。

4. 样品的制备

对于不同的红外光谱仪，具体操作略有不同。但是测定红外光谱的试样的准备却是大致相同的。这里主要介绍一下测定红外光谱的试样应注意的问题及试样的制备方法。

玻璃和石英几乎能吸收全部的红外光，因此不能用它们来制造样品池和分光棱镜。金属卤化物（氯化钠、氯化钾）一般不吸收红外光，常用来制作样品池和分光棱镜。

红外光谱仪对于气体、液体和固体样品都适用。所有要做红外光谱分析的试样，必须保证充分干燥和高纯度，否则由于杂质和水的吸收，使得谱图变得无意义。水不仅在 3 710 cm^{-1} 和 1 630 cm^{-1} 处有强烈的吸收峰，而且还腐蚀由氯化钠和氯化钾制成的样品池。

（1）气体样品。气体样品的测定是在气体槽中。先把气体槽内的空气抽净，然后装入样气。

（2）液体样品。液体样品有液膜法和溶液法两种制样方法。

液膜法是将样品夹在两块磨平且抛光的岩盐（NaCl）之间。在一块晶片上滴 1 ~ 2 滴液体，然后盖上第二块晶片，稍施压力，使液体在两晶片之间形成一层毛细薄膜，其厚度在 0.01 ~ 0.1 mm，然后将晶片置于支架上。低熔点的固体也可以将其熔化后用此法测定。液膜法的优点是方法简单，光谱中没有溶剂吸收的干扰。缺点是样品厚度不宜重复。一些沸点太低、黏度太大或太小的液体不易形成毛细薄膜。

溶液法是将样品溶解在适当的溶剂中置于厚度约为 0.1 mm 的样品槽中测定。用此法必须考虑所用溶剂的吸收峰。最常用的溶剂有四氯化碳和二硫化碳。四氯化碳在 1 333 cm^{-1} 以上吸收带很少,适用于高频部分(4 000 ~ 1 333 cm^{-1});二硫化碳在 1 333 cm^{-1} 以下几乎无吸收,适用于低频部分(1 333 ~ 450 cm^{-1})。将二者配合使用,可以获得 4 000 ~ 450 cm^{-1} 间的完整光谱。此外,氯仿在红外区的吸收也较少。

液体和固体样品均可用溶液法测定红外光谱。其优点是再现性好,尤其适用于定量分析。缺点是不能完全除掉溶剂的吸收带。另外,使用的样品槽价格高昂,不能普遍使用。

(3) 固体样品。固体样品除了用溶液法外,还可以用 KBr 压片法和研糊法制备样品。

KBr 压片法是制备固体样品常用的方法。通常将 3 ~ 5 mg(样品不同,用量可以适当增减)与 100 ~ 200 mg KBr 混合均匀,在玛瑙研钵中仔细研磨。取一部分装入模子,使样品在模子中形成厚约 1 mm 的均匀层,然后放在压片机上,压至 50 ~ 100 MPa,得到透明或半透明的薄片。为了扣除 KBr 的吸收,可以压制一个同样厚度的纯 KBr 片作参比。

如果样品片透明度不好,可能是由下列原因造成的:

① KBr 混合物未充分研磨,粒度太大。

② 样品没有充分干燥,或 KBr 不干,吸收了空气中的水汽。

③ 样品过多,样品片太厚。

④ 样品与 KBr 的比例太大。

⑤ 样品的熔点较低。低熔点的固体不但难以干燥,而且受压时易熔化。

研糊法是将试样与糊剂一起在研钵中研磨成糊状,涂在氯化钠或溴化钾晶片上(或夹在两个晶片之间)进行测试。

常用的糊剂有石蜡、六氯 – 1,3 – 丁二烯,它们是不易挥发的油状物,具有化学惰性,不吸潮。液体石蜡是相对分子质量较大的烷烃的混合物,因此对试样的—CH$_3$、—CH$_2$—等饱和 C—H 键有干扰。六氯丁二烯在 4 000 ~ 1 700 cm^{-1} 无吸收,但在 1 700 ~ 600 cm^{-1} 有较多吸收峰,可根据所测化合物的结构选择适当糊剂。

对于难以制备成 KBr 片的样品(例如高分子材料),可以制成适当厚度(一般为 10 ~ 20 μm)的薄膜进行测试。

5. 标准红外光谱集

确定化合物的结构时,经常要参考化合物的标准谱图。所谓标准图谱,是指已知结构的纯化合物的红外光谱。它可由已知的纯物质直接测得,也可从文献资料中查阅。收集标准红外谱图的文献资料很多,例如图谱集、杂志、书刊等。这里简单介绍两种。

(1) *Sadtler Standard Infrared Spectra*（萨德勒标准红外光谱集),由美国费城萨德勒研究实验室编辑出版。

按测定光谱所用的仪器不同,萨德勒红外光谱集分为棱镜光谱集和光栅光谱集两大类。按样品的性质,棱镜光谱集和光栅光谱集又独立地分为纯化合物光谱集和工业品光谱集两大类。

所谓纯化合物光谱,是指具有确切分子结构的纯化合物的光谱。在纯化合物红外谱图上,标有化合物的系统名称、分子式、相对分子质量、分子结构式、熔点或沸点、样品来源和样品制备方法。

工业品红外光谱,除一些具有确切结构式的样品的光谱中标有化学名称和结构式外,绝大多数商品属于混合物,或为了技术保密,光谱中只标有商品牌号、样品来源、制样方法等内容，不标出化学组成。

萨德勒标准红外谱图的索引分为如下几种：

① 化合物名称（用于纯化合物）或商品牌号（用于工业品）索引（alphabetical index），它以化合物名称或商品牌号的英文字母顺序排列。

② 化学分类索引（chemical classes index），按官能团分类，共分为 89 类，每一类都按化合物名称的英文字母顺序排列。

③ 分子式索引（molecular formula index），该索引按 C、H、Br、Cl、F、I、N、O、P、S、Si、M 的顺序排列。M 代表金属，凡是上述元素之外的元素都被视为金属，填在 M 一栏内。

④ 光谱号索引（numerical index），按光谱号从小到大的顺序排列，每一种光谱系统都有自己的光谱号索引。

（2）*The Aldrich Library of Infrared Spectra*（Aldrich 化学公司出版的标准光谱集），全集共收集 8 000 张光谱并附有分子式索引。光谱按各种官能团、化合物种类和基本骨架排列。

2.6.2 核磁共振谱

核磁共振谱（Nuclear Magnetic Resonance Spectroscopy）在测定分子结构上起着非常重要的作用。特别是对于碳架上的不同氢原子，通过核磁共振谱可以准确地测定它们的位置及数量。其为分子结构的测定提供了非常重要的信息。

核磁共振是无线电波与处于磁场中的分子内的自旋核相互作用，引起核自旋能级的跃迁而产生的。不同的原子核自旋的运动状况不同。核自旋量子数为 1/2 的核，最适于核磁共振的检测，是目前研究的主要对象。较常见的是 ^{1}H 核磁共振谱和 ^{13}C 核磁共振谱。下面简单介绍 ^{1}H 核磁共振谱。

1. 基本原理

^{1}H 核磁共振是以氢核具有核自旋这一特性为基础的。当旋转着的氢核放到磁场中时，根据量子力学计算，其自旋量子数 $I=1/2$，它的磁矩有两种取向：与外加磁场相同或相反。与磁场同向是较为稳定的取向，能量低；与磁场反相是不稳定的取向，能量高。因此，当质子受到一定的电磁辐射，且辐射的能量等于两种取向的能量差时，质子就可以吸收电磁辐射的能量，从低能态跃迁到高能态。两个能级的能量差与核本身的性质有关，也与所处磁场的磁场强度有关。

理论上，可以把物质放进一个恒定的磁场，逐步改变辐射的频率，然后记下物质所吸收的辐射频率。也可以固定辐射频率而改变磁场强度，一般是用后者。在某一磁场下，质子由低能级向高能级跃迁的能量与辐射能量相匹配时，就可以得到一个信号。

如果一个分子的全部质子所处的电子环境完全相同，它们将在完全相同的磁场强度下吸收，在谱中只有一个信号。由于有机分子中每一类等性质子与其他类型的质子所处的电子环境存在微小的差别，因此能够吸收的磁场强度也有差别，给出若干个信号，就可以得到一张有许多吸收峰谱图。

谱图中的横坐标为磁场强度（或电磁辐射的频率），纵坐标为电磁辐射的吸收强度。根据谱图中的数据，可以了解分子结构的详细信息。

2. 核磁谱图的解析

从核磁谱图中可以得到下面一些数据，根据这些数据，可以推断分子的结构。

（1）化学位移。由于不同电子环境的氢核受到不同的屏蔽效应，在核磁共振谱上的不同位置出现吸收峰，这种位置上的差异称为化学位移。

由于各类氢核的共振磁场差别不大，因此不能精确地测出其绝对值，一般以相对数据表示。以某一标准物质(通常用四甲基硅烷为标准，简写成 TMS)的峰为原点，测出其他峰与原点的距离，通常用化学位移 δ 表示

$$\delta = \frac{\nu_{\text{试样}} - \nu_{\text{TMS}}}{\nu_0} \times 10^6$$

式中，$\nu_{\text{试样}}$ 及 ν_{TMS} 分别代表试样及 TMS 的共振频率；ν_0 为操作仪器选用的频率。最常用的表示化学位移的单位是百万分之一(简称 ppm[①])，因此 δ 以 ppm 为单位，是一个与磁场强度和电磁辐射强度无关的参数。若把 TMS 质子的吸收位置定为 $\delta = 0.00$，则其他质子的位移多数在 TMS 左面(处于低场)，也有个别处于 TMS 的右边(处于高场)。

有机化合物分子中各种氢的化学位移值取决于它们的电子环境。如果磁场对质子的作用受到周围电子的屏蔽，质子的共振信号就出现在高场。如果质子受到的是去屏蔽作用，它的共振信号出现在低场。表 2-9 给出了一些常见基团中质子的化学位移。根据核磁谱图中各个吸收峰的化学位移，可以判断出该分子中所含的氢的种类。

表 2-9　常见基团中质子的化学位移

氢原子的类型	δ	氢原子的类型	δ
TMS（CH$_3$）$_4$Si	0	I—C—H	2~4
环丙烷	0~1.0	HO—C—H	3.4~4
RCH$_3$	0.9	R—O—C—H	3.3~4
R$_2$CH$_2$	1.3	(RO)$_2$C—H	5.3
R$_3$CH	1.5	R—COO—C—H	3.7~4.1
—C=C—H	4.6~5.9	RO—CO—C—H	2~2.6
—C=C—CH$_3$	1.7	HO—CO—C—H	2~2.6
—C≡C—H	2~3	R—COO—H	10.5~12
—C≡C—CH$_3$	1.8	R—COO—C—H	2~2.7
Ar—H	6~8.5	R—CO—H	9~10
Ar—C—H	2.2~3	R—CO—N—H	5~8
F—C—H	4~4.45	R—O—H	4.5~9
Cl—C—H	3~4	Ar—O—H	4~12
(Cl)$_2$C—H	5.8	R—NH$_2$	1~5
Br—C—H	2.5~4	O$_2$N—C—H	4.2~4.6

---

① 1 ppm = 10^{-6}。

（2）峰面积。核磁共振信号的强度是通过吸收峰的大小显示出来的，而核磁共振信号中的每组峰的峰面积与产生这组信号的质子数呈正比。如果把各组峰的面积进行比较，就能确定各类型质子的相对数目。

（3）信号的裂分。如果使用高分辨率的仪器，谱图中相应于同一化学位移处的峰往往会变成多重峰。这是由于核磁之间的相互作用引起能级的裂分产生的。这种相互作用称为自旋 – 自旋偶合，由此而产生的谱线的精细结构称为自旋 – 自旋偶合裂分。

只有在相邻不等性的质子间才能有自旋 – 自旋偶合裂分。有时离得较远的不等性质子也有耦合，特别是有 π 键插入的时候。所谓不等性的质子，是指电子环境不同的质子，也就是谱图上化学位移不同的质子。

如果某一组等性质子与另一类型的质子的 n 个等性质子偶合，该质子的吸收峰裂分为 $n+1$ 重峰；如果某一组等性质子分别与两种类型的质子偶合，该质子的吸收峰裂分为 $(n+1)\cdot(n'+1)$ 重峰。

解析核磁图谱的大致程序是：

① 根据峰面积求出每组峰所代表的质子数。

② 根据化学位移值确定官能团。

③ 将图谱信息与推断的分子结构进行核对：

- 氢的种类数应等于峰的组数；
- 各类氢的数目应与各组峰的面积成正比；
- 一种基团与相邻基团的位置关系应与各组峰的裂分数相对应。

第3章

基本操作训练

实验一　简单玻璃工操作

【实验目的】

掌握基本玻璃工操作。

【实验内容】

(1) 玻璃管的切割：将薄壁长玻璃管用三角锉刀截成长 10 ~ 12 cm 短玻璃管(拉减压毛细管用)若干段，将厚壁长玻璃管用三角锉刀截成长 20 cm 与 35 cm 的玻璃管两段。

(2) 拉减压毛细管：拉制 $\phi = 1.0$ mm，毛细部分长 30 ~ 40 cm 若干根。

(3) 弯玻璃管：弯 90°(10 cm × 25 cm)一根和 135°(10 cm × 10 cm)一根。

【操作步骤】

参看 2.1 节简单玻璃工操作。

【安全事项】

(1) 切割玻璃管时，谨防被玻璃割伤。

(2) 制成的弯管或毛细管应置于石棉网上，不要用手触及加热部位。

实验二　熔点的测定

【实验目的】

掌握毛细管测熔点的方法，了解杂质对熔点的影响。

【实验内容】

(1) 测定尿素的熔点。

(2) 测定肉桂酸的熔点。

(3) 测定 50% 尿素和 50% 肉桂酸的熔点。

【操作步骤】

参见 2.3 节中熔点的测定及温度计的校正。

【安全事项】

(1) 加热介质可以用浓硫酸、硅油等。若用浓硫酸作加热介质，一定要戴护目镜。

(2) 加热介质可以重复使用，但一定要等到冷却后方可倒入回收瓶中；温度计冷却后，先用废纸擦去浓硫酸再冲洗，否则温度计极易炸裂。

（3）用完的熔点管一定要用水冲洗干净后，方可用气流烘干器烘干或控干。

【思考题】

（1）测熔点时，如遇到下列情况，将产生什么结果？

① 熔点管壁太厚。

② 熔点管不洁净。

③ 样品没有完全干燥或含有杂质。

④ 样品研得不细或装得不紧密。

⑤ 加热太快。

（2）甲、乙两种样品的熔点都是 150 ℃，以任何比例混合后，测得的熔点仍然是 150 ℃，这说明什么？

实验三　苯甲酸的重结晶

苯甲酸的重结晶

【实验目的】

练习用水作为溶剂重结晶；掌握过滤、固体的干燥等基本操作。

【操作步骤】

原理及要求参见 2.4 节。

在 250 mL 锥形瓶中加入 2 g 粗苯甲酸、适量水[1]和几粒沸石，加热至沸腾，使固体溶解。若在沸腾状态下尚未完全溶解，可每次加入 3～5 mL 热水，直至全部溶解（但要特别注意粗品中是否含有不溶杂质，以免溶剂加入过多）。待固体全部溶解后，再多加 20% 的水，移去热源，稍冷后加入少量活性炭[2]，继续加热煮沸 5～10 min。

在加热溶解粗苯甲酸的同时，准备好热过滤用的布氏漏斗和吸滤瓶，使它们充分预热，剪好滤纸备用。待上述粗苯甲酸的沸腾溶液准备好后，迅速（1～2 min 内）将抽滤装置安装连接好，并将滤纸用热水浸湿抽紧，将溶解好的粗苯甲酸热溶液尽快倒入漏斗中，迅速抽滤[3]。将滤液迅速转移到另一个干净且预热过的 100 mL 锥形瓶或小烧杯中盖好，放置冷却结晶。如果希望得到颗粒较大的晶体，可将滤液重新加热至溶解，再在室温下慢慢冷却。

结晶析出后，抽滤出固体，用玻璃塞挤压，以尽量除去母液。打开安全瓶上的活塞，加少量水至漏斗中，使晶体完全润湿（可用玻棒或刮刀松动），然后重新抽干。如此重复 1～2 次。最后将晶体移到表面皿上，摊开放在红外灯下烘干[4]。

测定已干燥的苯甲酸的熔点，称重并计算回收率。

【注释】

[1] 苯甲酸在水中的溶解度见表 3-1。

表 3-1　苯甲酸在水中的溶解度

$t/℃$	18	30	60	70	75
溶解度/[g·(100 mL)$^{-1}$]	0.27	0.42	1.2	1.78	2.2

〔2〕不要在沸腾状态下加入活性炭，防止暴沸。

〔3〕如果用热过滤漏斗，事先将漏斗夹套中充水约 2/3 容积，加热备用。待粗苯甲酸完全溶解后，将事先叠好的滤纸放入漏斗并润湿，将热溶液迅速滤入准备好的锥形瓶中。注意，在过滤时不要使漏斗中的液体太满，也不要等到滤液全部滤完后再加。为防止过滤时溶液降温冷却，可将未过滤部分用小火继续加热。待所有溶液过滤完毕后，用少量热水洗涤烧杯和滤纸。盖好锥形瓶，放置冷却。

〔4〕在红外灯下烘干时，不要离灯太近，否则因温度太高，会使苯甲酸升华。

【思考题】

（1）加热溶解待重结晶的初产物时，为什么先加入比计算量略少的溶剂，然后渐渐添加至恰好溶解，最后再多加少量溶剂？

（2）活性炭为什么不能在沸腾时加入？是否可以在固体没有溶解前加入？

（3）用吸滤瓶进行过滤时，应注意哪些问题？

【产物谱图】

苯甲酸的红外谱图如图 3-1 所示，苯甲酸的 ^{1}H NMR 谱图如图 3-2 所示。

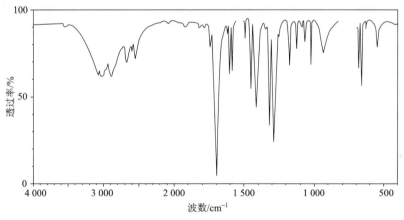

图 3-1　苯甲酸的红外谱图

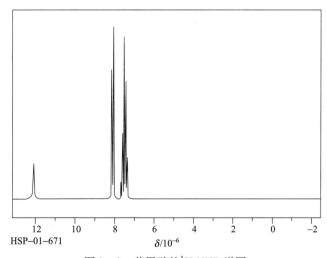

HSP-01-671

图 3-2　苯甲酸的 ^{1}H NMR 谱图

实验四　乙酰苯胺的重结晶

【实验目的】

练习用水作为溶剂重结晶；了解重结晶的基本操作过程。

【操作步骤】

在 250 mL 锥形瓶中加入 5 g 粗乙酰苯胺、适量水[1]和磁子，装上球形冷凝管，加热搅拌至沸腾，使固体溶解[2]。若在沸腾状态下尚未完全溶解，可每次加入 3 ~ 5 mL 热水，加热搅拌至溶解（但要特别注意粗品中是否含有不溶杂质，以免溶剂加入过多）。待固体全部溶解后，再多加 20% 的水，移去热源，稍冷后加入少量活性炭[3]，继续加热煮沸 5 ~ 10 min。

在加热溶解粗乙酰苯胺的同时，准备好热过滤用的布氏漏斗和吸滤瓶，使它们充分预热，剪好滤纸备用。待上述粗乙酰苯胺的热饱和溶液准备好后，迅速将抽滤装置安装连接好，并将滤纸用热水浸湿抽紧，将溶解好的粗乙酰苯胺热溶液尽快倒入漏斗中，迅速抽滤[4]。将滤液迅速转移到另一个干净且预热过的锥形瓶或小烧杯中盖好，放置后冷却结晶。如果希望得到颗粒较大的晶体，可将滤液重新加热至溶解，再在室温下慢慢冷却。

结晶析出后，抽滤出固体，用玻璃塞挤压，以尽量除去母液。打开安全瓶上的活塞，加少量水至漏斗中，使晶体完全润湿（可用玻棒或刮刀松动），然后重新抽干。如此重复 1 ~ 2 次。最后将晶体移到表面皿上，摊开放在红外灯下烘干[5]。

测定已干燥的乙酰苯胺的熔点，称重并计算回收率。

【注释】

[1] 乙酰苯胺在水中的溶解度见表 3 – 2。

表 3 – 2　乙酰苯胺在水中的溶解度

$t/℃$	20	25	50	80	100
溶解度/[g · (100 mL)$^{-1}$]	0.46	0.56	0.84	3.45	5.5

[2] 溶解过程中可能会出现油珠状物，这是由于溶解温度超过乙酰苯胺的熔点，乙酰苯胺未溶解但已熔化。应继续加热加水，直到油珠溶解消失。

[3] 不要在沸腾状态下加入活性炭，防止暴沸。

[4] 如果用热过滤漏斗，事先将漏斗夹套中充水约 2/3 容积，加热备用。待粗乙酰苯胺完全溶解后，将事先叠好的滤纸放入漏斗并润湿，将热溶液迅速滤入准备好的锥形瓶中。注意，在过滤时不要使漏斗中的液体太满，也不要等到滤液全部滤完后再加。为防止过滤时溶液降温冷却，可将未过滤部分用小火继续加热。待所有溶液过滤完毕后，用少量热水洗涤烧杯和滤纸。盖好锥形瓶，放置冷却。

[5] 在红外灯下烘干时，不要离灯太近，否则因温度太高会使乙酰苯胺熔化。

【思考题】

同实验三。

实验五　萘的重结晶

【实验目的】

练习用有机溶剂进行重结晶。

【操作步骤】

在 100 mL 圆底烧瓶或锥形瓶中加入 3 g 粗萘、20 mL 70% 乙醇和几粒沸石，装上回流冷凝管，接通冷凝水后，水浴加热至瓶中的溶液微微沸腾，观察萘是否溶解。如果未完全溶解，移去火源，从冷凝管上端分批加入 70% 乙醇，每次 3 ~ 5 mL。每次加后，都要加热至沸，直至完全溶解。计算所加 70% 乙醇的总量，再多加 20% 的溶剂。稍冷后拆下冷凝管，加少许活性炭，再加上冷凝管，重新在水浴上加热沸腾 5 min。

除去所有火源，用处理苯甲酸相同的方法进行热过滤、结晶和抽滤。不同之处是润湿滤纸等皆用 70% 乙醇。称重，计算回收率，测定熔点。

【思考题】

(1) 简述有机化合物重结晶的目的和各步操作过程。

(2) 为什么活性炭要在固体完全溶解后加入？为什么不能在溶液沸腾时加入？

(3) 用有机溶剂重结晶时，在哪些操作上容易着火？应如何预防？

实验六　有色水溶液的蒸馏

【实验目的】

(1) 掌握蒸馏装置的搭建；

(2) 掌握简单蒸馏的操作过程。

【操作步骤】

在 50 mL 圆底烧瓶中，放入 20 mL 有色水溶液，加入 2 ~ 3 粒沸石，按图 2 – 23(a)所示搭好蒸馏装置，通入冷凝水，然后用电热套加热。开始时加热速度可快一些，并注意观察蒸馏瓶中的现象和温度计读数的变化。当瓶内液体开始沸腾时，蒸气前沿逐渐上升，待到达温度计时，温度计读数急剧上升。这时应适当调节加热速度，使蒸气不是立即冲出蒸馏头的支管口，而是冷凝回流，使温度计的水银球上保持有液滴，待温度稳定后，调节加热速度，控制馏出液的速度，收集沸点恒定的液体。

【思考题】

(1) 蒸馏时，加入沸石的作用是什么？如果蒸馏前忘了加，能否将沸石加入将近沸腾的液体中？当重新进行蒸馏时，用过的沸石能否继续使用？

(2) 如果液体具有恒定沸点，能否认为它是单纯物质？

(3) 为什么蒸馏系统不能密闭？

(4) 为什么蒸馏时不能将液体蒸干？

实验七　工业乙醇的蒸馏

【实验目的】

(1) 掌握蒸馏装置的搭建方法；

（2）掌握简单蒸馏的操作过程。

【操作步骤】

在 100 mL 圆底烧瓶中放入 60 mL 浅黄色浑浊的工业乙醇[1]，加入 2~3 粒沸石，按图 2-23（a）搭好蒸馏装置，通入冷凝水，然后用水浴加热。开始时加热温度可以高一些，并注意观察蒸馏瓶中的现象和温度计读数的变化。当瓶内液体开始沸腾时，蒸气前沿逐渐上升，待到达温度计时，温度计读数急剧上升。这时应适当调节加热速度，使蒸气不是立即冲出蒸馏头的支管口，而是冷凝回流，使温度计的水银球上保持有液滴，待温度稳定后，调节加热速度，控制馏出液以 1~2 滴/s 为宜。当温度计读数上升到 78 ℃ 时，换一个已称量过的干燥的锥形瓶接收 78~88 ℃ 的馏分。

【注 释】

[1] 95% 乙醇为一共沸混合物，不是纯粹物质，具有一定的沸点和组成，不能用普通蒸馏方法分离。

【思考题】

同实验五。

实验八　乙酸乙酯和乙酸正丁酯混合物的分离

【实验目的】

（1）了解精馏与蒸馏；

（2）了解气相色谱。

【操作步骤】

（1）简单蒸馏：在 100 mL 圆底烧瓶中加入 50 mL 乙酸乙酯和乙酸正丁酯(1:1)混合物，加入几粒沸石。搭好蒸馏装置，并用带有刻度的容器作为接收器(精确到 1 mL)。用电热套加热(也可以用油浴或者沙浴)，使液体沸腾，保持蒸馏速度为每秒一滴。

记录每 1 mL 液体滴出时，蒸馏头处的温度。当馏出液达到 10 mL 时，转移到另一个准备好的干燥称重的容器中，盖好并称重。收集 3~4 个馏分。

在蒸馏过程中，随着蒸馏的进行，蒸馏瓶中的易挥发组分越来越少，因此要不断增加热源的温度。当温度到达纯乙酸正丁酯的沸点时，温度不会继续上升，蒸馏可以停止。

（2）在 100 mL 圆底烧瓶中加入 50 mL 乙酸乙酯和乙酸正丁酯(1:1)的混合物。按分馏装置图安装好仪器。用量筒或有刻度的容器(精确到 1 mL)作为接收器，同样用电热套(或油浴、沙浴)加热，使流出速度为每秒一滴。记录每增加 1 mL 馏出液时蒸馏头处的温度。当馏出液达到 10 mL 时，转移到另一个干燥称重的容器中。继续收集温度更高的馏分。共收集 3~4 个馏分并称重。当温度达到纯乙酸正丁酯的沸点时，可以停止分馏。

（3）用气相色谱分析两种分离方法得到各组馏分的组成。

（4）以柱顶温度为纵坐标，馏出液体积为横坐标，作出两种分离方法的沸腾曲线，讨论分离效果。

（5）以每组馏分中乙酸乙酯的质量分数为纵坐标，每组馏分的平均沸点为横坐标，作出曲线。比较两种分离方法的效果并讨论如何提高分离效率。

实验九　橙皮中提取柠檬烯

【实验目的】

了解水蒸气蒸馏的装置及操作。

【操作步骤】

将 2~3 个橙皮[1]切成极小的碎片，放入 500 mL 圆底烧瓶中，加入一些水浸过橙皮。安装水蒸气蒸馏装置，进行水蒸气蒸馏[2]。待馏出液达 50~60 mL 时刻停止蒸馏，这时可以看到馏出液面上浮着一层薄薄的油状物。

【注释】

[1] 橙皮最好是新鲜的，干的效果较差。

[2] 可以在蒸馏瓶中加入 250 mL 水，直接进行水蒸气蒸馏。

实验十　硝基苯胺的薄层分离

【实验目的】

了解薄层色谱分离方法。

【操作步骤】

(1) 样品的制备。本实验所用的样品有：邻硝基苯胺、对硝基苯胺、未知混合物。在小试管中分别加入 5 mg 样品，用约 0.5 mL 丙酮使样品完全溶解，贴上标签。

(2) 点样。取已经准备好的硅胶板一块，用管口平整的毛细管[1]插入样品液中，在距离板一端 1 cm 处轻轻点样[2]。每块板点样三个，分别点样邻硝基苯胺、对硝基苯胺及未知混合物[3]，如图 3-3 所示。

(3) 展开。在层析杯内倒入少许展开剂（环己烷：乙酸乙酯 = 2:1），高度应为 0.5 cm 左右，盖好层析杯，稍加摇振，使层析杯内被溶剂蒸气饱和。将点好样的薄层板放入层析杯内，点样一端在下，浸入展开剂内约 0.5 cm[4]，盖好杯子。待溶剂前沿距板的上端 0.5 cm 时，立即取出薄层板，用铅笔记下溶剂前沿位置，晾干。

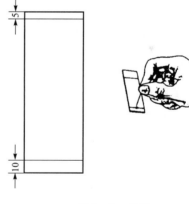

图 3-3　点样

(4) 结果处理。

① 在实验报告本上记下每块展开后的薄层板图样。

② 计算纯样品的 R_f 值，解释各个斑点的归属。

③ 根据相对 R_f 值，确定未知混合物的组分。

【注释】

[1] 点样用的毛细管必须专用，不得弄混。

[2] 点样时，毛细管尖刚好触及板面即可，点样过重会使薄层破坏。

［3］点样时各点之间的距离及样品点与薄层板一端的距离为 1 cm 左右。

［4］展开剂一定要在点样线下，不能超过。

【思考题】

邻硝基苯胺及对硝基苯胺极性大小与它们的 R_f 值大小有何关系？

实验十一　乙酸乙酯和乙酰乙酸乙酯混合物的分离

【实验目的】

（1）掌握减压蒸馏装置的搭建方法；

（2）掌握减压蒸馏的操作过程；

（3）复习简单蒸馏。

【操作步骤】

在 50 mL 圆底烧瓶中，加入 25 mL 乙酸乙酯和乙酰乙酸乙酯的混合液。先进行常压蒸馏，除去乙酸乙酯。当蒸馏温度开始下降时，停止蒸馏[1]。冷却后，改为减压蒸馏装置。先减压，待体系压力稳定后，计算体系内压力，预计蒸出乙酰乙酸乙酯的温度，开始加热，蒸出乙酰乙酸乙酯，记录体系压力及蒸出时的温度。回收蒸出的乙酸乙酯和乙酰乙酸乙酯。

【注释】

［1］如果加热速度太快，则看不到明显的温度下降。当温度超过乙酸乙酯的沸点时，停止常压蒸馏。

【思考题】

减压蒸馏时，毛细管的作用是什么？还有什么办法可以达到此目的？

实验十二　苯乙烯的纯化精制[1]

【实验目的】

（1）掌握分液漏斗的使用；

（2）掌握减压蒸馏的原理及操作。

【操作步骤】

在 250 mL 的分液漏斗中加入 50 mL 苯乙烯，用 40 mL 的 5% NaOH 溶液洗涤 2～3 次，有机相呈现浅黄色后，再用去离子水洗涤至中性（用 pH 试纸测试）。将分液得到的有机相加入无水硫酸钠进行干燥[2]。充分干燥后，除去干燥剂，进行减压蒸馏[3]，收集相应的馏分[4]，测定其折射率。纯化后的苯乙烯需低温避光贮存备用。

【注释】

［1］苯乙烯是工业上合成树脂、离子交换树脂及合成橡胶等的重要单体。苯乙烯暴露于空气中逐渐发生聚合及氧化。为了防止在运输和贮存过程中单体的自主聚合变质，通常情况下，市售苯乙烯中会先行加入苯二酚或烷基邻苯二酚衍生物等阻聚剂。在用于聚合反应时，再将阻聚剂除去。对苯二酚或邻苯二酚可与氢氧化钠反应生成溶于水的钠盐，所以，可以通过稀碱溶液洗涤除去大部分阻聚剂，然后减压蒸馏制得精制的苯乙烯。纯净的苯乙烯为无色或淡黄色透明液体，沸点为 145.2 ℃，闪点为 31 ℃，密度为 0.906 g·cm^{-3}，折射率

1.546 9。不溶于水，溶于乙醇、乙醚。

　　［2］所用仪器应当干净干燥，避免引入过多水分。加无水硫酸钠时，注意观察干燥剂在液体中的状态，等到分散的干燥剂不再黏结或黏壁时，停止加入。

　　［3］减压蒸馏所用仪器需要是干净干燥且耐压的。减压蒸馏时，搭好装置，检查密闭性后，开始蒸馏，顺序为开泵—调节压力—加热，结束时的顺序为撤热源—通大气—关泵。

　　［4］苯乙烯沸点与压力之间的对应关系见表 3–3。

表 3–3　苯乙烯沸点与压力之间的对应关系

沸点/℃	18	30.8	44.6	59.8	69.5	82.1	101.4	53.3	145.2
压力/kPa	0.67	1.33	2.66	5.32	7.89	13.3	26.6	53.2	101.0
压力/mmHg	5	10	20	40	60	100	200	400	760

【思考题】

　　（1）萃取洗涤时，如何选择分液漏斗的大小？

　　（2）减压蒸馏所用仪器及装置和常压蒸馏有哪些不同的地方？为什么不同？

第4章

有机化合物的
合成及提取

4.1 烯烃的制备

　　低相对分子质量的烯烃，如乙烯、丙烯和丁二烯等，是合成材料的基本原料，一般由石油裂解分离提纯得到。实验室制备烯烃是通过醇的脱水或卤代烃脱卤化氢得到的。

　　醇可用氧化铝或分子筛在高温（350～400 ℃）进行催化脱水，也可以用硫酸、磷酸、对甲苯磺酸等酸催化剂催化脱水。实验室制备烯烃通常采用醇酸催化脱水的方法。醇脱水反应是一个可逆反应，为了促使反应完成，必须不断地把生成的沸点较低的烯烃蒸出。由于酸的存在，还会导致烯烃的其他反应如分子间脱水、烯烃的聚合和碳架的重排等，生成醚类、聚合物等副产物。

　　当有可能生成两种以上的烯烃时，反应取向遵循 Zayzeff 规则，生成双键碳上连有较多取代基的烯烃。

　　通过卤代物制烯烃，是用碱作为催化剂，同样遵循 Zayzeff 规则。由于卤代烃在碱性条件下还可能发生取代反应，会产生醇等副产物。

实验十三　环己烯的制备

【目的及要求】

（1）熟练掌握回流及蒸馏装置的安装及操作的注意事项；

（2）了解分馏柱的作用；

（3）掌握分液漏斗的使用方法；

（4）巩固醇脱水的反应机理。

【反应式】

$$\overset{OH}{\underset{}{\bigcirc}} \xrightarrow{H_2SO_4} \bigcirc$$

【所需试剂】

环己醇 5 mL（4.82 g，0.048 mol）；浓硫酸 0.5 mL；无水氯化钙；氯化钠；10% 碳酸钠

水溶液。

【操作步骤】

在 25 mL 圆底烧瓶中放入 5 mL 环己醇，慢慢滴入 0.5 mL 浓硫酸，边加边摇动，使其混合均匀[1]。加入沸石。烧瓶上口装一个短分馏柱，分馏柱接普通蒸馏装置，将接收器浸在冰水浴中冷却。将烧瓶在电热套上用小火加热，馏出液为含水的混浊液，控制馏出温度在 85 ℃ 以下[2]。蒸馏至无液体流出，反应即完成[3]。

将上述蒸馏液用氯化钠饱和，再用 10% 的碳酸钠水溶液中和微量的酸。将液体转入分液漏斗中，摇振后静置分层，分出有机相。将有机相倒入干燥的锥形瓶中，用无水氯化钙干燥。待液体充分干燥后，转移至蒸馏瓶中，水浴加热，蒸馏产品[4]。接收器仍浸在冰水浴中，收集 80 ~ 85 ℃ 馏分，产品约 2.4 g。外观应清亮透明。

环己烯的沸点为 83 ℃，折射率 n_D^{20} 为 1.446 0。

【注释】

[1] 硫酸与环己醇混合时，应充分振荡，使其混合均匀，防止加热时发生局部炭化。

[2] 反应中，环己醇与水形成共沸物，沸点 70.8 ℃，水的质量分数为 10%。没有反应的环己醇与水形成共沸物，沸点为 79.8 ℃，水的质量分数为 80%。因此反应加热时，温度不宜过高，以减少未反应的环己醇蒸出。

[3] 收集和转移环己醇时，应保持其充分冷却，避免因挥发而造成损失。

[4] 蒸馏已干燥的产物时，蒸馏仪器都应充分干燥。

【思考题】

在粗制环己烯时，加入氯化钠使水层饱和的目的是什么？

【产物谱图】

环己烯的红外谱图如图 4-1 所示，环己烯的 ^{1}H NMR 谱图如图 4-2 所示。

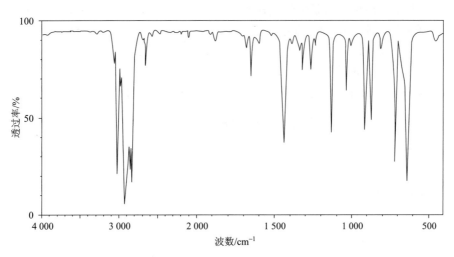

图 4-1　环己烯的红外谱图

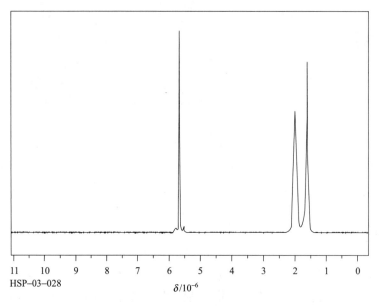

HSP-03-028

$\delta/10^{-6}$

图 4 - 2   环己烯的 ^{1}H NMR 谱图

4.2   卤代烃的制备

卤代烃是有机合成中重要的中间体，通过卤代烃可以制备醇、羧酸、胺、腈和醚等化合物。有些卤代烃还常用作溶剂。根据卤代烃的结构，可以将卤代烃分为卤代烷烃、卤代烯烃和卤代芳烃。对于不同的卤代烃，有不同的合成方法。

（1）卤代烷可以通过自由基卤代、烯烃的卤化氢亲电加成得到。但实验室最常用的方法是通过醇的亲核取代反应制备卤代烃，常用的试剂有氢卤酸、三卤化磷和氯化亚砜。在用盐酸制备氯代烃的反应中，若是伯醇或仲醇，一般加入氯化锌活化，反应才可以顺利进行。

（2）卤代芳烃通常是用芳烃直接卤代的方法制备。一般是在三溴化铁、三氯化铁、三氯化铝、铁粉等催化下，溴或氯与芳烃发生亲电取代反应得到卤代或溴代芳烃。氟代芳烃、碘代芳烃及间溴甲苯、间氯甲苯等卤代芳烃是通过重氮盐间接引入，参见4.9节。

（3）对于较活泼的烯丙位及苄基位的氢，可以用 N-溴代丁二酰亚胺（NBS）溴代。

实验十四   溴乙烷的合成

【目的与要求】

（1）了解低沸点液体的蒸馏技术；

（2）巩固分液漏斗的使用；

（3）巩固亲核取代反应的机理。

【反应式】

$$C_2H_5OH + NaBr + H_2SO_4 \longrightarrow C_2H_5Br + NaHSO_4 + H_2O$$

1. 常量合成

【所需试剂】

溴化钠 15.0 g（0.15 mol）；95% 乙醇 10 mL（7.6 g，0.17 mol）；98% 浓硫酸 19 mL

（34.96 g，0.357 mol）。

【操作步骤】

在 100 mL 圆底烧瓶中加入 10 mL 95% 乙醇及 9 mL 水[1]，在不断振摇和冷却水冷却下，慢慢加入 19 mL 浓硫酸，冷至室温后，加入 15 g 研成粉末状的溴化钠，稍加振摇混合后，加入几粒沸石。安装常压蒸馏装置。在接收器中加入冰水，使接收管的末端刚好与冰水接触为宜[2]。

将混合物在电热套上加热蒸馏。先用小火加热，约 20 min 后，慢慢升高温度，直至无油状物流出为止[3]。

将馏出物倒入分液漏斗中，分出的有机层置于 25 mL 干燥的锥形瓶中[4]，在冰水浴中，边振摇边滴加浓硫酸，直至锥形瓶底分出硫酸层为止[5]。用干燥的分液漏斗分出硫酸液，将溴乙烷的粗产品倒入蒸馏瓶中，用水浴加热蒸馏。用已称重干燥的锥形瓶作接收器，并将接收器外用冰水浴冷却，收集 37～40 ℃ 馏分。产品重约 11 g。

纯溴乙烷的沸点为 38.4 ℃，折射率 n_D^{20} 为 1.423 9。

2. 半微量合成

【所需试剂】

溴化钠 7.70 g（0.075 mol）；95% 乙醇 5 mL（3.95 g，86.0 mL）；浓硫酸 10 mL（18.40 g，0.188 mol）。

【操作步骤】

在 50 mL 圆底烧瓶中加入 5 mL 95% 乙醇及 4 mL 水[1]，在不断振摇和冷却水冷却下，慢慢加入 10 mL 浓硫酸，冷至室温后，加入 7.7 g 研成粉末状的溴化钠，稍加振摇混合后，加入磁子搅拌。安装成常压蒸馏装置。在接收器中加入冰水，使接收管的末端刚好与冰水接触为宜[2]。

将混合物在石棉网上加热蒸馏。先用小火加热，约 20 min 后，慢慢加大火焰升高温度，直至无油状物流出为止[3]。

将馏出物倒入分液漏斗中，分出的有机层置于 25 mL 干燥的锥形瓶中[4]。在冰水浴中，边振摇边滴加浓硫酸，直至锥形瓶底分出硫酸层为止[5]。用干燥的分液漏斗分出硫酸液，将溴乙烷的粗产品倒入蒸馏瓶中，用水浴加热蒸馏。用已称重干燥的锥形瓶作接收器，并将接收器外用冰水浴冷却，收集 37～40 ℃ 馏分。产品重约 5 g。

纯溴乙烷的沸点为 38.4 ℃，折射率 n_D^{20} 为 1.423 9。

【注释】

［1］加入水是为了防止反应进行时产生大量泡沫，减少副产物乙醚的生成，避免氢溴酸的挥发。

［2］由于溴乙烷的沸点较低，为使冷凝充分，必须选用冷凝效果好的冷凝管，各个接头处要严密不漏气。为了减少其挥发，常在接收器内预盛冷水，并使接液管的末端刚好浸入冷水中。（因为溴乙烷在水中的溶解度很小，低温时也不与水作用。）

［3］结束蒸馏时，注意在移去热源前，先将接收器与接液管离开，以防倒吸。

［4］尽量除去水分，否则，加浓硫酸时，产生大量的热使产物挥发。

［5］加入硫酸，可以除去乙醚、乙醇、水等杂质。为防止产物挥发，应在冷却下操作。

【思考题】

（1）本实验都有哪些副产物存在？是如何除去的？

（2）为了减少产品的挥发，本实验采取了哪些措施？

【产物谱图】

溴乙烷的红外谱图如图4－3所示，溴乙烷的^{1}H NMR谱图如图4－4所示。

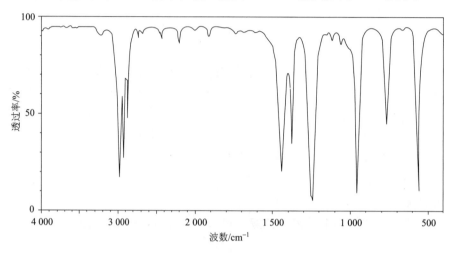

图4－3　溴乙烷的红外谱图

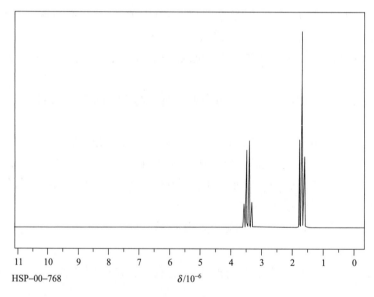

HSP－00－768　　　　　　　　$\delta/10^{-6}$

图4－4　溴乙烷的^{1}H NMR谱图

实验十五　1－溴丁烷的合成

【目的与要求】

（1）了解掌握液体的干燥方法；

（2）掌握气体吸收装置；

1－溴丁烷的合成

（3）巩固分液漏斗的使用及蒸馏技术；

（4）巩固醇取代反应的机理。

【反应式】

$$CH_3CH_2CH_2CH_2OH + NaBr + H_2SO_4 \longrightarrow CH_3CH_2CH_2CH_2Br + NaHSO_4 + H_2O$$

【所需试剂】

正丁醇 7.4 g(9.2 mL, 0.10 mol)；无水溴化钠 13 g(0.13 mol)；浓硫酸 14 mL；饱和碳酸氢钠溶液；无水氯化钙。

【操作步骤】

50 mL 锥形瓶中，加入 10 mL 水，再慢慢加入 14 mL 浓硫酸，混合均匀，在冷水中冷却。在装有磁子的 100 mL 圆底烧瓶中依次加入 9.2 mL 正丁醇、13 g 溴化钠及已经冷却的硫酸溶液。充分搅拌均匀，装上回流冷凝管，连上气体吸收装置（注意防止倒吸）。将烧瓶置于电热套上用小火加热至沸，平稳地回流 30 ~ 40 min，待反应液冷却后，移去冷凝管，改为蒸馏装置，蒸出所有的油状物即粗产品正溴丁烷[1]。

将馏出液移至分液漏斗中，加入等体积的水洗涤[2]。产物转入另一个干燥的分液漏斗中，用等体积的浓硫酸洗涤[3]，尽量分去硫酸层。有机相依次用等体积的水、饱和碳酸氢钠溶液和水洗涤后转入干燥的锥形瓶中，加入适量的无水氯化钙干燥，间歇摇动锥形瓶，直至液体清亮为止。

将干燥好的粗产物过滤到蒸馏瓶中，加热蒸馏，收集 99 ~ 103 ℃的馏分，产量为 7 ~ 8 g。

纯 1 - 溴丁烷的沸点为 101.6 ℃，折射率 n_D^{20} 为 1.439 9。

【注释】

[1] 1 - 溴丁烷是否蒸完，可从下面几个方面判断：

● 馏出液是否由浑浊变为澄清；

● 反应层上层油层是否消失；

● 用小试管或表面皿收集几滴馏出液，加水摇动，观察有无油珠，如果没有油珠，表明有机物已经蒸完。

[2] 水洗后，如果产物呈红色，是由于浓硫酸的氧化作用生成游离溴，加入几毫升饱和亚硫酸氢钠溶液洗涤除去。

[3] 浓硫酸能溶解产物中少量未反应的正丁醇及副产物正丁醚等杂质。由于正丁醇和正溴丁烷可以形成共沸物，很难用蒸馏的方法除去。

【思考题】

（1）加料时，如不按实验要求的加料顺序加料，而是先将溴化钠与浓硫酸混合，再加正丁醇和水，将会出现何种现象？

（2）后处理时，各步洗涤的目的何在？为什么用饱和碳酸钠洗涤之前，先用水洗一次？

实验十六　溴苯的合成

【目的与要求】

（1）巩固回流及气体吸收装置；

（2）巩固分液漏斗的使用；

（3）简单蒸馏；

（4）巩固苯的亲电取代反应机理。

【反应式】

$$\text{苯} + Br_2 \xrightarrow{Fe} \text{溴苯} + HBr$$

【所需试剂】

苯 14.0 mL(12.5 g, 0.16 mol)；溴 5.0 mL(15.6 g, 0.1 mol)；铁屑 0.3 g；5%氢氧化钠；无水氯化钙。

【操作步骤】

在一干燥的 250 mL 三口瓶[1]中加入 14 mL 无水无噻吩苯、0.3 g 铁屑。在三口瓶上装上回流冷凝管、气体吸收装置及恒压滴液漏斗，将 5 mL 溴置于恒压滴液漏斗中[2]。先加入约 1 mL 的溴，片刻后反应即开始（如果反应不能很快发生，可用水浴温热）。慢慢滴加溴，使溶液保持微沸[3]。加毕，水浴（60 ~ 70 ℃）加热 15 min，使反应完全。向溶液中加入约 15 mL 水，摇匀，过滤除去少量铁屑。转移到分液漏斗中，分别用 10 mL 水、10 mL 5%氢氧化钠、10 mL 水洗涤。有机相用无水氯化钙干燥至少 30 min。之后，先用水浴蒸出苯，再将冷凝管改为空气冷凝管继续蒸馏，收集 140 ~ 170 ℃馏分。将此馏分再蒸馏一次[4]，收集 154 ~ 157 ℃的馏分，产量为 7 ~ 10 g。

纯溴苯为无色液体，沸点 156 ℃，折射率 n_D^{20} 为 1.559 7，相对密度为 1.499。

【注释】

[1] 实验仪器必须干燥。

[2] 溴为强腐蚀性和刺激性的物质，量取时要特别小心。必须在通风良好的情况下进行，并戴上防护手套。若不慎触及皮肤，要立即进行处理。

[3] 若反应过于激烈，二溴苯的量将增加。

[4] 二次蒸馏可除去夹杂的少量苯。

4.3 醇的制备

在绝对乙醚(无水、无醇)的存在下，卤代烃与金属镁作用，得到烃基卤化镁，称之为 Grignard 试剂。在试剂中，由于碳–镁键的极化，使碳具有显著的亲核性，可以与醛、酮、羧酸酯、环氧化合物等发生反应，生成相应的醇。

制备 Grignard 试剂一般选用活性适中，比较易得的溴代烃。制备 Grignard 试剂的反应及 Grignard 与醛、酮的反应都是放热反应，所以，在反应过程中，都采用将一种反应物滴加到另一种反应物中。滴加速度不宜过快，使反应保持微沸状态即可，必要时可以用冷水冷却。对于活性较低的卤代烃，可以加入少量碘引发反应。

Grignard 试剂极易被活泼氢分解，也容易与氧发生作用，因而在制备 Grignard 试剂时，所用仪器必须干燥，溶剂及试剂都必须经过干燥处理。Grignard 试剂也不宜较长时间保存，若放置时间较长，应使用惰性气体（或氮气）保护。研究工作也最好在氮气保护下进行。

醛、酮及羧酸衍生物还原也可以得到相应的醇。

实验十七　三苯甲醇的合成

【目的与要求】

（1）练习无水操作；

（2）了解 Grignard 试剂的制备方法；

（3）掌握水蒸气蒸馏的操作及用途；

（4）掌握有机溶剂重结晶的方法。

【反应式】

$$\text{C}_6\text{H}_5-\text{Br} \xrightarrow[\text{绝对乙醚}]{\text{Mg}} \text{C}_6\text{H}_5-\text{MgBr}$$

$$\xrightarrow[\text{2) } H_3O^+]{\text{1) } C_6H_5-C(=O)-OC_2H_5} (\text{C}_6\text{H}_5)_3\text{C}-\text{OH}$$

【所需试剂】

溴苯 6.4 mL（0.06 mol）；镁 1.4 g；苯甲酸乙酯 4.5 mL（0.03 mol）；绝对乙醚 40 mL；氯化铵 7 g；碘；无水氯化钙。

【操作步骤】

在 250 mL 干燥的圆底烧瓶上安装回流冷凝管和恒压滴液漏斗，在冷凝管的上端装上氯化钙干燥管。在圆底烧瓶中加 1.4 g 镁、一小粒碘和 10 mL 绝对乙醚。在恒压滴液漏斗中加入 6.4 mL 溴苯和 20 mL 绝对乙醚溶液[1]。

慢慢向烧瓶中加入约 5 mL 溴苯的溶液，摇动烧瓶，反应立即开始（若反应未开始，可用热水浴温热）。待反应开始后，继续滴加溴苯。加毕，用水浴加热回流，至镁反应完全。

在水浴冷却下滴加 4.5 mL 新蒸的干燥的苯甲酸乙酯和 10 mL 绝对乙醚的溶液，使反应混合物保持回流，最后在热水浴上加热 15 min。

冷却混合物，慢慢加入 7 g 氯化铵溶于 20 mL 水，分解生成镁化合物。水浴蒸出乙醚。然后进行水蒸气蒸馏，直到固体变成亮黄色的晶体。冷却后过滤收集固体，用乙醇重结晶，干燥后得晶体 4.2 g。

纯三苯甲醇为无色棱形晶体，熔点为 162.5 ℃。

【注释】

［1］本实验所用仪器均需干燥，所用试剂也需进行干燥和蒸馏纯制。

安全问题： 本实验使用大量乙醚，操作时应特别小心，避免使用明火。

【思考题】

（1）制备 Grignard 试剂时加入一小粒碘的作用是什么？

（2）本实验的主要副产物是什么？如何除去？

（3）水蒸气蒸馏的目的是什么？

【产物谱图】

三苯甲醇的红外谱图如图4-5所示。

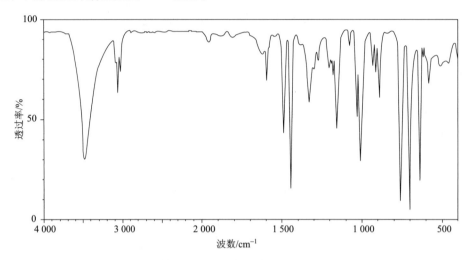

图4-5　三苯甲醇的红外谱图

实验十八　2-甲基-2-己醇的合成

【目的与要求】

（1）练习无水操作；

（2）了解格氏试剂的制备方法；

（3）巩固掌握蒸馏及回流技术。

【反应式】

$$CH_3CH_2CH_2CH_2Br \xrightarrow[\text{无水乙醚}]{Mg} CH_3CH_2CH_2CH_2MgBr$$

$$CH_3CH_2CH_2CH_2MgBr \xrightarrow[\text{无水乙醚}]{\overset{\overset{O}{\|}}{CH_3CCH_3}} CH_3CH_2CH_2CH_2\overset{\overset{OH}{|}}{\underset{\underset{CH_3}{|}}{C}}-CH_3$$

【所需试剂】

正溴丁烷 2.7 g（2.1 mL，20.0 mmol）；镁丝 0.5 g（20.0 mmol）；丙酮 1.6 mL（22.0 mmol）；无水乙醚 10 mL；10% 硫酸溶液；5% 碳酸钠水溶液；无水硫酸钠。

【操作步骤】

在干燥的 50 mL 三口瓶中加入 0.5 g 镁丝[1]，装上带有无水氯化钙干燥管的冷凝管和恒压滴液漏斗，在滴液漏斗中加入 2.1 mL 正溴丁烷和 7.0 mL 无水乙醚的混合物[2]。在滴液漏斗中先加 3 mL 混合液，待反应开始后[3]，将剩余的混合液缓慢滴入反应瓶中，使反应液保持微沸状态。加完后再在水浴上回流10 min，直到镁丝几乎全溶。

在冰水浴下，在滴液漏斗中缓缓滴加 1.6 mL 丙酮和 3 mL 无水乙醚的混合液。加毕，室温振荡 5 min。

将反应瓶用冰水浴冷却，在滴液漏斗中加入 10 mL 10% 的硫酸溶液分解加成物。然后将溶液倒入分液漏斗中，分出有机层，水层用 10 mL 乙醚分两次提取，提取液与有机层合并，用 5% 的碳酸钠溶液洗涤一次。用无水硫酸钠干燥有机液后，先在水浴上蒸出乙醚(回收)[4]，再蒸出产品，收集 139 ~ 143 ℃ 馏分。产量 1.0 ~ 1.2 g，产率 43% ~ 52%。

纯 2-甲基-2-己醇的沸点为 143 ℃，相对密度为 0.811 9，折射率 n_D^{20} 为 1.417 5。

【注释】

[1] 镁条用砂纸磨光，剪成细丝状。

[2] 无水乙醚、丙酮都需干燥后重蒸待用。所用仪器必须充分干燥。

[3] 反应开始的标志是乙醚沸腾，反应液呈浑浊状。如果迟迟不反应，可加入一小粒碘，也可用温热反应瓶促使其反应进行。

[4] 乙醚易燃，操作时不要有明火。

【思考题】

本实验为什么采取滴液漏斗滴加正溴丁烷和无水乙醚的混合液? 如果采用镁丝与正溴丁烷在乙醚中一起反应，会产生什么结果?

【产物谱图】

2-甲基-2-己醇的红外谱图如图 4-6 所示。

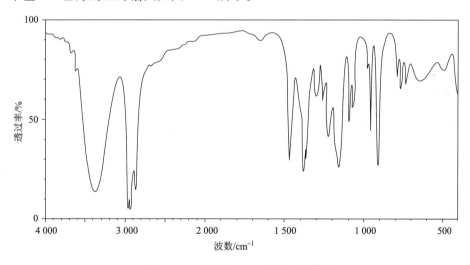

图 4-6　2-甲基-2-己醇的红外谱图

实验十九　二苯甲醇的制备

【目的与要求】

(1) 了解还原反应制备醇的方法;

(2) 掌握蒸馏、重结晶等基本操作。

【反应式】

$$二苯甲酮 \xrightarrow[\text{NaBH}_4]{} \xrightarrow[\text{H}^+]{} 二苯甲醇$$

【所需试剂】

二苯甲酮 1.82 g(0.01 mol)；硼氢化钠 0.19 g(0.05 mol)；95% 乙醇；10% 盐酸。

【操作步骤】

在装有回流管、滴液漏斗、温度计和搅拌磁子的 50 mL 三口瓶中，加入 1.82 g 二苯甲酮和 10 mL 95% 乙醇，加热使固体全部溶解。冷至室温，在搅拌下分批加入 0.19 g 硼氢化钠[1]。此时，可观察到有气泡产生，溶液变热。硼氢化钠的加入速度以反应温度不超过 50 ℃ 为宜。待硼氢化钠加完，继续加热回流 20 min，此过程中有大量气泡产生。待冷至室温后，边搅拌边通过滴液漏斗加入 10 mL 冷水，分解过量的硼氢化钠，然后逐滴加入 10% 盐酸 1.5 ~ 2.5 mL，直到反应停止。换成蒸馏装置，蒸出大部分乙醇，冷却反应液，有固体析出，抽滤，用水洗涤所得固体，得到初产物。用石油醚(60 ~ 90 ℃)重结晶，约得针状结晶 1 g，测熔点。二苯甲醇的熔点为 69 ℃。

【注释】

[1] 硼氢化钠是强碱性物质，操作时要小心，不要与皮肤接触。

【思考题】

(1) 硼氢化钠和四氢铝锂在还原性及操作上有什么不同？

(2) 反应完成后，加入盐酸的目的是什么？

4.4 氧化反应

在有机合成中，氧化反应是一类重要的单元反应。通过氧化反应，可以制得各类含氧化合物，例如醛、酮、酸和醌等。工业上一般用廉价的空气或氧气作为氧化剂，但是反应需要在高温及高压的条件下才能进行。实验室中常用的氧化剂有 $KMnO_4$、$K_2Cr_2O_7 - H_2SO_4$、$CrO_3 - H_2SO_4$、$CrO_3 - HOAc$、$CrO_3 - $吡啶、$HNO_3$ 等，根据原料及产物的性质，可以选用不同的氧化剂。

芳烃的侧链氧化是制备芳香酸的重要方法，具有 α-氢的侧链，不论长短，强烈氧化后都变为羧基。

醇的氧化用来制备醛或酮。在用一级醇氧化制备醛时，一般用 Sarret 试剂(CrO_3 与吡啶的络合物)作氧化剂，才可以顺利得到醛，若用强氧化剂，则很难停留在醛的阶段。二级醇氧化制备酮一般不易继续氧化。

醛很容易被氧化，即使很弱的氧化剂(如 Tollens 试剂)，也可将其氧化成酸。酮比较稳定，只有用氧化性很强的试剂如 $KMnO_4$、HNO_3 时，其才可被氧化断链得到酸。对于开链酮，此反应没有合成意义；而对于环酮，可用来制备二酸。

氧化反应一般都是放热反应，必须严格控制反应温度和反应条件，否则收率降低，副产物多，不易分离纯化，有时还可能有爆炸危险。

实验二十　环己酮的合成

【目的与要求】

（1）练习搅拌器的使用；

（2）了解蒸馏技术在分离液体混合物中的作用；

（3）了解盐析在分液中的作用；

（4）复习巩固醇的氧化反应。

【反应式】

環己醇10.4 mL（10.0 g，0.1 mol）；次氯酸钠水溶液 75 mL（浓度1.8 mol/L）；冰乙

【所需试剂】

环己醇10.4 mL（10.0 g，0.1 mol）；次氯酸钠水溶液 75 mL（浓度1.8 mol/L）；冰乙酸25 mL；饱和亚硫酸氢钠溶液；碳酸钠；氯化钠；淀粉-碘化钾试纸。

【操作步骤】

在250 mL三口瓶中分别安装搅拌器、温度计及Y形管。Y形管的一口安装滴液漏斗，另一口接回流冷凝管。在三口瓶中加入10.4 mL环己醇和25 mL冰乙酸，在滴液漏斗内放入75 mL次氯酸钠水溶液（浓度约1.8 mol/L）。开动搅拌，在冰水浴冷却下，逐滴加入次氯酸钠水溶液，使瓶内温度维持在30～35 ℃。待所有次氯酸钠溶液滴加完后，反应液从无色变为黄绿色，用淀粉-碘化钾试纸检验呈正性反应[1]。在室温下继续搅拌15 min，然后加入饱和亚硫酸氢钠溶液1～5 mL，直至反应液变成无色，以及对淀粉-碘化钾试纸成负性反应。

在反应混合物中加入60 mL水后进行蒸馏，收集45～50 mL馏出液(含有环己酮、水和乙酸)。在搅拌下，向馏出液中分批加入6.5～7.0 g碳酸钠中和乙酸，至反应液呈中性为止。然后加入8 g氯化钠，使有机相析出。将混合液倒入分液漏斗中，分出环己酮。水层用25 mL乙醚萃取，合并环己酮与乙醚的萃取液，用无水硫酸镁干燥。在水浴上蒸出乙醚后，蒸馏收集150～155 ℃馏分。产量7.5～8.0 g，产率77%～82%。

纯环己酮的沸点为155 ℃，折射率 n_D^{20} 为1.450 7。

【注释】

[1] 假如混合物用淀粉-碘化钾试纸试验未显正性反应，可再加入5 mL次氯酸钠溶液，保证有过量的次氯酸钠存在，使氧化反应完全。

【产物谱图】

环己酮的红外谱图如图4－7所示。

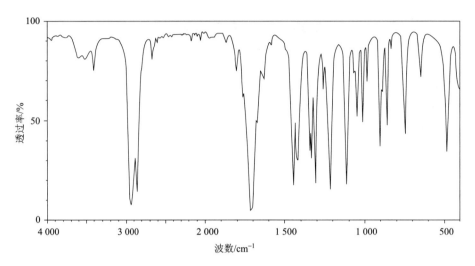

图 4 - 7　环己酮的红外谱图

实验二十一　己二酸的合成

【目的与要求】

（1）练习搅拌器的使用；

（2）复习巩固重结晶；

（3）了解己二酸的制备方法。

【反应式】

$$\text{环己酮} \xrightarrow[\text{OH}^-]{\text{KMnO}_4} \xrightarrow{\text{H}^+} \text{HOOC(CH}_2)_4\text{COOH}$$

【所需试剂】

环己酮 2 mL（1.9 g，0.02 mol）；高锰酸钾 6.3 g（0.04 mol）；氢氧化钠溶液 50 mL（浓度 0.3 mol/L）；亚硫酸氢钠；浓盐酸。

【操作步骤】

在装有磁子的 100 mL 的三口瓶中安装温度计和回流冷凝管。加入 6.3 g 高锰酸钾、50 mL 0.3 mol/L 氢氧化钠溶液，边搅拌边加入 2 mL 环己酮[1]。反应开始后，注意观察反应温度，如果超过 45 ℃，应用冷水浴适当冷却，保持在 45 ℃反应 25 min，再加热至微沸反应 5 min，使反应完全。取一滴反应液放在滤纸上检查高锰酸钾是否还存在。如果未反应的高锰酸钾存在，会在棕色二氧化锰周围出现紫色环。假如有未反应的高锰酸钾，可加入固体亚硫酸氢钠，直至点滴试验没有紫色环出现。减压过滤反应混合物，用水充分洗涤滤饼（最好是将滤饼转移至烧杯中，充分搅拌后再过滤）[2]。将滤液置于烧杯中，加入活性炭脱色，过滤后将滤液浓缩至 10 mL 左右，用浓盐酸酸化，使溶液 pH = 1 ~ 2 后再多加 2 mL 浓盐酸，冷却结晶后过滤。用水重结晶，得白色晶体 1.5 g，产率约为 51%，熔点为 151 ~ 152 ℃。

【注释】

[1] 可以用恒压滴液漏斗加入。

［2］　总的用水量不超过 100 mL。

【产物谱图】

己二酸的红外谱图如图 4 – 8 所示，己二酸的 ^{1}H NMR 谱图如图 4 – 9 所示。

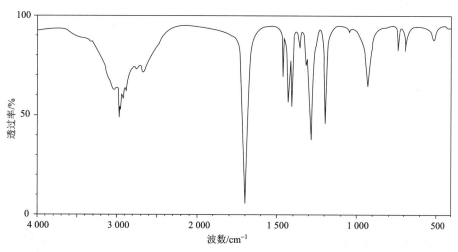

图 4 – 8　己二酸的红外谱图

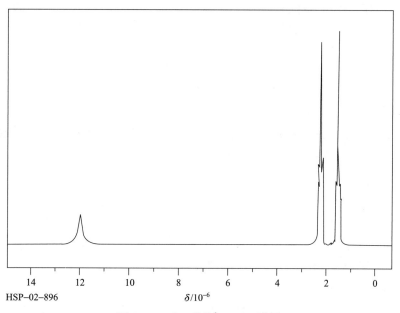

HSP–02–896

图 4 – 9　己二酸的 ^{1}H NMR 谱图

4.5　羧酸衍生物的合成

4.5.1　酯化反应

羧酸酯是用途很广的一类有机化合物。许多酯具有芳香气味或特定的香气，是用来调配食品或化妆品的原料，例如，乙酸正丁酯具有梨的气味，乙酸异戊酯具有香蕉的香味；邻苯二甲酸二丁酯和二辛酯是人造革及聚氯乙烯的增塑剂；除虫菊酯及其类似物是一类高效低毒的农药。

羧酸酯常用羧酸与醇在酸催化下直接酯化来制备，常用的催化剂有硫酸、干燥氯化氢、对甲苯磺酸和强酸性树脂等。

该反应是可逆的，如果是等物质的量的醇和酸反应，达到平衡时，以乙醇和乙酸反应为例，只有 2/3 的原料转化为酯。为了提高产率，一般使便宜易得、容易分离的原料大大过量。另一种提高收率的方法是除去生成的水。因为某些酯可以和水、醇等形成二元或三元共沸物，也可以加入第三种与水形成共沸物的溶剂，利用水分离器分离。

酰氯和酸酐与醇的反应也是制备酯的重要方法。醇与酰氯和酸酐的反应比较容易进行。一般酚不能与酸发生酯化反应，但可以与酸酐或酰氯作用，得到满意的结果。

合成酯的其他方法还有羧酸盐与卤代烷的反应、腈的醇解、酯交换反应等。

实验二十二　乙酸乙酯的合成

【目的与要求】

（1）练习巩固回流蒸馏的基本操作；

（2）掌握分液漏斗的使用方法；

（3）了解液体的干燥方法；

（4）复习巩固酯化反应的机理。

乙酸乙酯的合成

【反应式】

$$CH_3COOH + CH_3CH_2OH \underset{}{\overset{H^+}{\rightleftharpoons}} CH_3COOC_2H_5 + H_2O$$

【所需试剂】

冰醋酸 12 mL（12.6 g，0.2 mol）；无水乙醇 19 mL；浓硫酸 5 mL；饱和碳酸钠溶液；饱和氯化钙溶液；无水硫酸镁。

【操作步骤】

在 100 mL 圆底烧瓶中加入 12 mL 冰醋酸和 19 mL 无水乙醇，在摇动下慢慢加入 5 mL 浓硫酸，混合均匀[1]后加入几粒沸石，装上回流冷凝管，加热回流 30 min。稍冷后，改为蒸馏装置，重新加几粒沸石，在水浴上加热蒸馏，直到在沸水浴上不再有馏出物为止，得粗乙酸乙酯。在摇动下慢慢向粗产物中加入饱和碳酸钠溶液至有机相呈中性为止。将液体转入分液漏斗中，摇振后分去水层（哪一层是水层？）。有机相先用 10 mL 水洗涤[2]，然后用 10 mL 饱和氯化钙溶液洗涤，最后再用水洗涤。弃去下层液体，酯层转入干燥的锥形瓶中，用无水硫酸镁干燥。

将干燥后的粗乙酸乙酯滤入 50 mL 蒸馏瓶中，在水浴上进行蒸馏，收集 73～78 ℃馏分[3]。

纯粹乙酸乙酯的沸点为 77.06 ℃，折射率 n_D^{20} 为 1.372 7。

【注释】

[1] 硫酸密度比较大，若混合不均，易沉积在瓶底，加热易发生炭化现象。

[2] 碳酸钠必须洗去，否则下一步用饱和氯化钙溶液去乙醇时，容易产生絮状的碳酸钙沉淀，造成分离困难。为减少酯在水中的溶解度，故用饱和食盐水溶液洗涤。

[3] 乙酸乙酯可以和水、乙醇形成二元或三元共沸混合物(沸点及组成见表 4-1)。尽管经过除乙醇和除水的过程，蒸馏所得到的乙酸乙酯仍含有少量乙醇和水。

表 4-1　乙酸乙酯与水或乙醇形成二元或三元共沸物的各组成质量分数及沸点

沸点/℃	各组成质量分数/%		
	乙酸乙酯	乙醇	水
70.2	82.6	8.4	9.0
70.4	91.9		8.1
71.8	69.0	31.0	

【思考题】

(1) 实验中过量乙醇的作用是什么? 还可用何种方法达到此目的?

(2) 本实验中可能有哪些副反应?

【产物谱图】

乙酸乙酯的红外谱图如图 4-10 所示，乙酸乙酯的 ^{1}H NMR 谱图如图 4-11 所示。

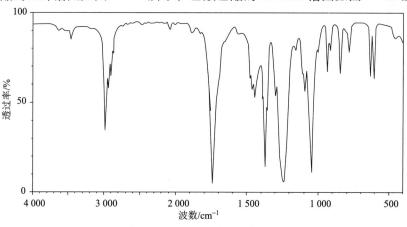

图 4-10　乙酸乙酯的红外谱图

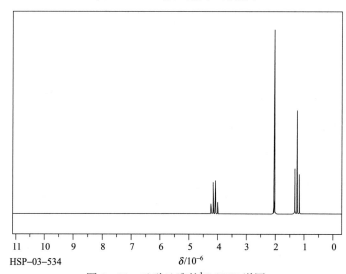

HSP-03-534

图 4-11　乙酸乙酯的 ^{1}H NMR 谱图

实验二十三　　乙酸异戊酯的合成

【目的与要求】

（1）练习巩固回流蒸馏基本操作；

（2）掌握分液漏斗的使用方法；

（3）掌握液体的干燥方法；

（4）复习巩固酯化反应的机理。

【反应式】

$$CH_3COOH + \underset{\overset{|}{CH_3}}{CH_3CHCH_2CH_2OH} \xrightarrow[]{H^+} \underset{\overset{|}{CH_3}}{CH_3COOCH_2CH_2CHCH_3} + H_2O$$

【所需试剂】

异戊醇 10.8 mL（8.8 g，0.1 mol）；冰醋酸 12.8 mL（13.5 g，0.225 mol）；饱和碳酸氢钠水溶液；饱和氯化钠水溶液；无水硫酸镁；浓硫酸。

【操作步骤】

在 50 mL 干燥的圆底烧瓶中加入 10.8 mL 异戊醇和 12.8 mL 冰醋酸，摇动下慢慢加入 2.5 mL 浓硫酸[1]，混匀后加入几粒沸石，装上回流冷凝管，加热回流 1 h。

将反应液冷至室温，小心转入分液漏斗中。用 25 mL 冷水洗涤烧瓶，并将洗涤液合并至分液漏斗中，振摇后静置，分出下层水溶液。有机相用 15 mL 饱和碳酸氢钠溶液洗涤[2]，以除去粗酯中少量的醋酸杂质。静置后分去下层水溶液，再用 15 mL 饱和碳酸氢钠溶液洗涤一次，至水溶液对 pH 试纸呈碱性为止。然后用 10 mL 饱和氯化钠水溶液洗涤一次。分出水层，酯层转入锥形瓶中，用 1~2 g 无水硫酸镁干燥。粗产物滤入圆底烧瓶中，蒸馏并收集 138~143 ℃馏分，产量约 9 g。

纯乙酸异戊酯的沸点为 142.5 ℃，折射率 n_D^{20} 为 1.400 3。

【注释】

[1] 假如浓硫酸与有机物混合不均匀，加热时会使有机物炭化，溶液发黑。

[2] 用碳酸氢钠洗涤时，有大量的二氧化碳产生，因此开始时不要塞住分液漏斗，摇振漏斗至无明显的气泡产生后再塞住塞子振摇，应注意及时放气。

【思考题】

（1）为什么使用过量的乙酸？用过量的异戊醇有什么不好？

（2）画出分离提纯乙酸异戊酯的流程图。

实验二十四　　乙酰水杨酸的合成

【目的与要求】

（1）了解酚酯的制备方法；

（2）掌握有机溶剂的重结晶方法。

【反应式】

$$\begin{array}{c} \text{（苯环）C-OH} \\ \text{OH} \end{array} + (CH_3CO)_2O \xrightarrow{H_2SO_4} \begin{array}{c} \text{（苯环）C-OH} \\ \text{OCCH}_3 \end{array} + CH_3COOH$$

【所需试剂】

水杨酸 2 g（0.014 mol）；乙酸酐 5 mL（5.4 g，0.05 mol）；饱和碳酸氢钠水溶液；1% 三氯化铁；乙酸乙酯；浓硫酸；浓盐酸。

【操作步骤】

在 100 mL 锥形瓶中加入 2 g 水杨酸、5 mL 乙酸酐和 5 滴浓硫酸，摇动锥形瓶使水杨酸全部溶解，在水浴上加热 5 ~ 10 min，控制浴温在 85 ~ 90 ℃。冷至室温，即有乙酰水杨酸结晶析出。如不结晶，可用玻璃棒摩擦瓶壁，并将反应物置于冰水中冷却，使结晶产生。加入 50 mL 水，将混合物继续在冰水浴中冷却，使结晶完全。减压过滤，用滤液反复淋洗锥形瓶，直至所有晶体被转移到布氏漏斗。每次用少量冷水洗涤结晶几次，继续抽吸，尽量将溶剂抽干。粗产物转移至表面皿上，在空气中风干，称重，粗产物约 1.8 g。

将粗产物转移至 150 mL 烧杯中，在搅拌下加入 25 mL 饱和碳酸氢钠溶液，加完后继续搅拌几分钟，直至无二氧化碳气泡产生。减压过滤，副产物聚合物应被滤出，用 5 ~ 10 mL 水冲洗漏斗，合并滤液，倒入预先盛有 4 ~ 5 mL 浓 HCl 和 10 mL 水配成溶液的烧杯中，搅拌均匀，即有乙酰水杨酸沉淀析出。将烧杯置于冰浴中冷却，使结晶完全。减压过滤，用洁净的玻璃塞挤压滤饼，尽量抽去滤液，再用冷水洗涤 2 ~ 3 次，抽干水分。将结晶移至表面皿上，干燥后约 1.5 g，熔点 133 ~ 135 ℃。取几粒结晶加入盛有 5 mL 水的试管中，加入 1 ~ 2 滴三氯化铁溶液，观察有无颜色反应。

为了得到更纯的产品，可将上述结晶的一半溶于最少量的乙酸乙酯(需 2 ~ 3 mL) 中，溶解时应在水浴上小心地加热。如有不溶物出现，可用预热过的玻璃漏斗趁热过滤。将滤液冷至室温，阿司匹林晶体析出。如不析出结晶，可在水浴上稍加浓缩，并将溶液置于冰水中冷却，或用玻璃棒摩擦瓶壁，抽滤收集产物，干燥后测熔点。

乙酰水杨酸为白色针状晶体，熔点为 135 ~ 136 ℃。

【思考题】

（1）制备阿司匹林时，加入浓硫酸的目的何在？

（2）反应中有哪些副产物？

实验二十五 乙酸正丁酯的合成

【目的与要求】

（1）了解使用水分离器；

（2）掌握分液漏斗的用途及使用方法；

（3）巩固酯化反应的反应机理。

乙酸正丁酯的合成

【反应式】

$$CH_3COOH + CH_3CH_2CH_2CH_2OH \underset{}{\overset{H^+}{\rightleftharpoons}} CH_3COOCH_2CH_2CH_2CH_3 + H_2O$$

【所需试剂】

正丁醇 11.5 mL（9.3 g，0.125 mol）；冰醋酸 9 mL（9.4 g，0.157 mol）；浓硫酸；无水硫酸镁；10% 碳酸钠水溶液。

【操作步骤】

用 100 mL 圆底烧瓶安装好如图 2 – 5（e）所示的回流分水装置。在烧瓶中加入 11.5 mL 正丁醇、9 mL 冰醋酸，再加入 3~4 滴浓硫酸，摇匀[1]，加入沸石。在分水器中加水至低于支管口约 1 cm 处，并做好标记。连接好反应装置后加热回流。反应过程中产生的水从分水器下部分出（只把下面的水层放出去，不要把油层也放掉），保持液面在标记处直至回流到分水器中的水分不再增加时，反应基本完成，反应时间约 40 min。

停止加热，冷却后卸下回流冷凝管。先将分水器中的液体全部放入分液漏斗，分去水层，再把圆底烧瓶中的反应液倒入分液漏斗中合并，分别用 10 mL 水、10 mL 10% 碳酸钠水溶液[2] 及 10 mL 水洗涤。把分离出来的油层倒入干燥的小锥形瓶中，加入无水硫酸镁干燥，直至液体澄清。

将干燥后的有机相滤入干燥的 50 mL 圆底烧瓶中，加入沸石，安装好普通蒸馏装置，加热蒸馏，收集 124~127 ℃ 的馏分。称重后测定折射率，产量约 10 g。

纯乙酸正丁酯为无色液体，有水果香味。沸点为 126.5 ℃，折射率 n_D^{20} 为 1.394 1。

【注释】

[1] 加入硫酸后，一定要摇匀。因为硫酸密度大，易沉积在烧瓶底部，加热时易发生炭化。

[2] 碱洗时注意对分液漏斗及时放气，防止产生的二氧化碳压力过大使溶液冲出来。

【思考题】

（1）本实验中如何提高反应产率？

（2）在提纯粗产品的过程中，用碳酸钠溶液洗涤主要除去哪些杂质？是否可以改用氢氧化钠溶液？

（3）是否可以选择无水氯化钙干燥产品？

4.5.2　酰胺的合成

实验二十六　乙酰苯胺的合成

【目的及要求】

（1）掌握乙酰化反应；

（2）了解基团保护的概念；

（3）掌握用水进行重结晶。

【反应式】

【所需试剂】

苯胺 4 mL（4.09 g，0.044 mol）；乙酸酐 6 mL（6.52 g，0.06 mol）；醋酸钠 7.5 g；浓盐酸 4 mL。

【操作步骤】

在 250 mL 烧杯中将 4 mL 浓盐酸和 100 mL 水混合均匀，加入 4 mL 苯胺，搅拌使其完全溶解，如果有颜色，可加约 1 g 活性炭脱色。将溶液加热到 50 ℃，加入 7.5 g 醋酸钠的 20 mL 水溶液，再迅速加入 6 mL 乙酸酐[1]，搅拌并冷却。抽滤，用少量冰水洗涤，得产品约 4 g。

纯乙酰苯胺为白色晶体，熔点为 114.3 ℃。

【注释】

[1] 一定要快速加入，否则影响反应的进行。

【思考题】

（1）为什么在将苯胺溶于水时，要加入盐酸？

（2）用乙酸酐酰化时，加入醋酸钠水溶液的目的是什么？

（3）除用乙酸酐酰化，还有哪些酰化试剂？

实验二十七　ε-己内酰胺的合成

【目的与要求】

（1）了解 Beckmann 重排反应的机理；

（2）复习蒸馏、重结晶等基本操作。

【反应式】

【所需试剂】

环己酮肟 2.00 g(0.017 7 mol)；3.0 mL 85% 硫酸[1]；20% 氨水。

【操作步骤】

在 50 mL 的三口瓶中[2]加入 2.00 g 环己酮肟、3.0 mL 85% 硫酸，加入磁子，搅拌混合均匀。慢慢加热，有气泡产生时，立即将反应瓶从加热器中移开，反应很快发生，剧烈放热[3]。

在上述三口瓶上装上恒压滴液漏斗和温度计，在冰盐浴中冷却。温度降至 0 ℃ 时，边搅拌边慢慢滴加 20% 的氨水，控制温度在 10 ℃ 以下，直至溶液呈弱碱性(pH≈8)。抽滤除去固体(可用少量二氯甲烷洗涤固体)。滤液倒入分液漏斗中，分出有机相，水层用二氯甲烷洗涤 3 次，每次 5 mL。合并有机相，用水洗涤(如果二氯甲烷溶液颜色较深，可以用活性炭脱色)。用无水硫酸钠干燥。水浴蒸出二氯甲烷，减压尽量抽净。残液倒入小锥形瓶中，加入 2 mL 石油醚，于冰水浴中冷却结晶。产品约 1.0 g。

【注释】

［1］85%的硫酸由 5 倍体积的浓硫酸和 1 倍体积的水混合得到。

［2］反应放热剧烈，选用较大仪器以利于散热。

［3］放热温度较高，可达 190 ℃。

【思考题】

（1）反应后为什么加氨水？产生的固体是什么？

（2）写出 Beckmann 重排的机理。

4.6　缩合反应

4.6.1　羟醛缩合

具有活泼 α-氢的醛酮在稀碱催化下，发生分子间的缩合反应，首先生成 β-羟基醛酮；提高温度进一步脱水，生成 α,β-不饱和醛酮。此反应称为羟醛缩合反应。羟醛缩合反应是有机合成中增长碳链的重要反应，也是合成 α,β-不饱和醛酮的重要方法。常用的碱催化剂有氢氧化钠、氢氧化钾、氢氧化钙和氢氧化钡等的水溶液，也可以使用醇钠或仲胺。

实验二十八　苄叉丙酮的合成

【目的与要求】

（1）掌握机械搅拌在有机合成中的应用；

（2）了解掌握减压蒸馏的原理及应用；

（3）复习巩固羟醛缩合反应机理。

【反应式】

$$\text{C}_6\text{H}_5\text{CHO} + \text{CH}_3\text{COCH}_3 \xrightarrow{\text{OH}^-} \text{C}_6\text{H}_5\text{CH}=\text{CHCOCH}_3 + \text{H}_2\text{O}$$

【所需试剂】

苯甲醛 10 mL（0.1 mol）；丙酮 20 mL（0.275 mol）；10% NaOH 2.5 mL；稀盐酸；苯；无水硫酸镁。

【操作步骤】

在装有搅拌器、恒压滴液漏斗和温度计的 250 mL 三口瓶中，加入 10 mL 苯甲醛[1]和 20 mL 丙酮。开动搅拌器，滴加 2.5 mL 10% 氢氧化钠溶液，用冰水冷却，反应温度维持在 25~30 ℃。加毕，在室温下继续搅拌 2 h。

用稀盐酸将反应液调成酸性，分出有机层，水层用 10 mL 苯分两次提取，将有机相合并，用 10 mL 水洗涤，分液后用无水硫酸镁干燥。先在水浴上蒸出苯，然后进行减压蒸馏，产物冷却后固化，熔点 38~39 ℃，产量约 10 g。如需进一步纯制，可再进行减压蒸馏或用轻石油醚重结晶。

纯苄叉丙酮的熔点为 42 ℃。

苄叉丙酮沸点与压力相关数据见表 4 - 2。

表 4 - 2 苄叉丙酮沸点与压力相关数据

压力/Pa	3 333	2 133	933
沸点/℃	150 ~ 160	133 ~ 143	120 ~ 130

【注释】

[1] 本实验所用苯甲醛需用 10% 碳酸钠溶液洗至无二氧化碳放出，然后用水洗，再用无水硫酸镁干燥后蒸馏。

【产物谱图】

苄叉丙酮的红外谱图如图 4 - 12 所示。

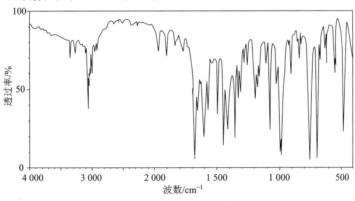

图 4 - 12 苄叉丙酮的红外谱图

4.6.2 Perkin 反应

芳香醛和酸酐在相应羧酸钠(或钾)盐的存在下发生的类似羟醛缩合的反应，称为 Perkin 反应，生成 α,β-不饱和芳香酸。有时也可以用碳酸钾或叔胺作催化剂。

典型的 Perkin 反应就是肉桂酸的制备。碱的作用是使酸酐烯醇化，生成醋酸酐碳负离子。碳负离子作为亲核试剂与苯甲醛的醛基发生亲核加成，之后经过氧酰基交换生成更稳定的 β-酰氧基丙酸负离子，最后经过消除得到肉桂酸盐。经酸化后，得到肉桂酸。虽然肉桂酸理论上存在顺反两种异构体，不过由 Perkin 反应制得的肉桂酸都是反式的。

实验二十九　肉桂酸的合成

【目的与要求】

(1) 了解 Perkin 反应的机理并能根据机理了解反应中的注意事项；

(2) 掌握水蒸气蒸馏装置的安装及应用水蒸气蒸馏的条件；

(3) 复习巩固回流、重结晶等基本操作。

肉桂酸的合成

【反应式】

$$C_6H_5CHO + (CH_3CO)_2O \xrightarrow[\text{或 K}_2CO_3]{CH_3COOK} \xrightarrow{H^+} C_6H_5\text{—}CH\text{=}CHCOOH$$

【所需试剂】

苯甲醛 3 mL(3.1 g，0.03 mol)；醋酸酐 8 mL(8.6 g，0.08 mol)；碳酸钾 4.2 g；10% 氢氧化钠溶液；浓盐酸；乙醇。

【操作步骤】

在一个 250 mL 干燥的三口烧瓶中加入 3 mL 新蒸馏的苯甲醛、8 mL 醋酸酐和 4.2 g 碳酸钾[1]，装上回流冷凝管，在冷凝管的上口装一个氯化钙干燥管。加热回流 30 min。停止加热，冷却到大约 80 ℃[2]，用 10% 氢氧化钠溶液将混合物调至碱性。改为水蒸气蒸馏装置进行水蒸气蒸馏，直至馏出液无油珠为止。将反应瓶中的剩余液体冷却，加少量活性炭煮沸，过滤。将滤液用浓盐酸慢慢酸化至不再有新的沉淀析出，冷却使肉桂酸固体完全析出。抽滤所得固体，干燥后用乙醇 – 水(1∶3)重结晶[3]，得白色晶体约 2 g。

纯肉桂酸的熔点为 133 ℃。

【注释】

[1] 此反应也可以用无水醋酸钾作催化剂。

[2] 没有大量气体冒出，液体结块之前。

[3] 可以用反滴法进行重结晶(参看重结晶部分)，也可以将两种溶剂按比例混合好再进行重结晶。

【思考题】

(1) 可否在反应中用氢氧化钠（钾）代替碳酸钾作催化剂？为什么？

(2) Perkin 反应所得到的肉桂酸是顺式还是反式？

【产物谱图】

肉桂酸的红外谱图如图 4 – 13 所示。

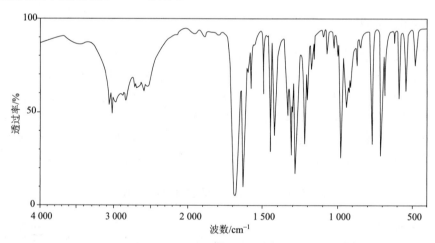

图 4 – 13　肉桂酸的红外谱图

实验三十　3 – α – 呋喃基丙烯酸的合成

【目的与要求】

(1) 复习巩固回流、重结晶等基本操作；

(2) 复习 Perkin 反应的机理。

【反应式】

$$\underset{O}{\boxed{}}\!-\!CHO + (CH_3CO)_2O \xrightarrow{K_2CO_3} \xrightarrow{H^+} \underset{O}{\boxed{}}\!-\!CH\!=\!CHCOOH$$

【所需试剂】

α – 呋喃甲醛(2.88 g, 0.03 mol)[1]；乙酸酐 8 mL(8.6 g, 0.08 mol)；碳酸钾 3.50 g；10% 氢氧化钠溶液；浓盐酸；乙醇。

【操作步骤】

在装有温度计、回流冷凝管的 100 mL 的三口瓶中，加入 3.50 g 的无水碳酸钾、2.88 g 新蒸的 α – 呋喃甲醛和 8.0 mL 乙酸酐，用磁子搅拌均匀，用电热套缓慢加热[2]。加热反应 1 h，记录反应现象。反应完毕，冷却至 90 ℃，边搅拌边加入 10% 氢氧化钠溶液，调节溶液至碱性(pH =9 ~ 10)。将溶液转移至分液漏斗中，用乙酸乙酯洗涤两次，每次用 20 mL。将洗涤过的溶液转移至 250 mL 三口瓶中，安装回流装置，加热，用活性炭脱色 5 ~ 10 min。趁热抽滤。将滤液转移到烧杯中，置于冰水浴中冷却，搅拌下加入浓盐酸调节溶液至酸性(pH≈2)。抽滤。粗产品用 1:4（体积比）的乙醇/水混合溶剂重结晶。

【注释】

[1] 纯呋喃甲醛为无色或黄色溶液，长期放置颜色变深，使用前需要蒸馏，最好在减压下蒸馏。

[2] 烧瓶与电热套不要直接接触，距离底部 2 cm 左右；回流水充满冷凝管，水流控制最小。

【思考题】

是否可以用氢氧化钾（钠）作为催化剂？为什么？

4.6.3　Knovengel 反应

Knovengel 反应是醛、酮在弱碱催化下与具有活泼 α – H 的化合物缩合的反应，是合成 α,β – 不饱和化合物的重要方法。常用的碱有胺及吡啶。

实验三十一　香豆素-3 – 羧酸的合成

香豆素 – 3 – 羧酸的合成

【目的及要求】

(1) 了解 Knovengel 反应；

(2) 练习回流、重结晶等操作。

【反应式】

$$\underset{OH}{\overset{CHO}{\boxed{}}} + CH_2(COOC_2H_5)_2 \xrightarrow{\underset{H}{\overset{N}{\boxed{}}}} \underset{O}{\overset{COOC_2H_5}{\boxed{}}}$$

$$\xrightarrow{NaOH} \underset{ONa}{\overset{COONa}{\boxed{}}} \xrightarrow{HCl} \underset{O}{\overset{COOH}{\boxed{}}}$$

【所需试剂】

水杨醛 4.2 mL(5 g，0.014 mol)；丙二酸乙酯 6.8 mL(7.2 g，0.045 6 mol)；无水乙醇；六氢吡啶；冰醋酸；氢氧化钠；95%乙醇；浓盐酸；无水氯化钙。

【操作步骤】

1. 香豆素–3–甲酸乙酯的反应

在干燥的 100 mL 圆底烧瓶中加入 4.2 mL 水杨醛、6.8 mL 丙二酸乙酯、25 mL 无水乙醇、0.5 mL 六氢吡啶和 2 滴冰醋酸，装上回流冷凝管，冷凝管上口接一个氯化钙干燥管，用磁子搅拌，小火加热回流 2 h。稍冷后将反应物转移到锥形瓶中，加入 30 mL 水，置于冰浴中冷却。待结晶完全后，过滤，晶体每次用 2~3 mL 50% 冰冷过的乙醇洗涤 2~3 次。粗产物为白色晶体，经干燥后质量为 6~7 g，熔点为 92~93 ℃。粗产物可用 25% 的乙醇水溶液重结晶。

2. 香豆素–3–羧酸的合成

在 100 mL 圆底烧瓶中加入 4 g 香豆素-3-甲酸乙酯、3 g 氢氧化钠、20 mL 95% 乙醇和 10 mL 水，装上回流冷凝管，用磁子搅拌，加热至酯溶解后，再继续回流 15 min。稍冷后，在搅拌下将混合物加到盛有 10 mL 浓盐酸和 50 mL 水的烧杯中，立即有大量白色结晶析出。在冰浴中冷却，使结晶完全。抽滤，用少量冰水洗涤晶体、压干，干燥后质量约 3 g，熔点 188 ℃。粗品可用乙醇和乙酸乙酯（体积比 1:1）混合溶液进行重结晶。

【思考题】

（1）写出利用 Knovengel 反应制备香豆素-3-羧酸的反应机理。

（2）如何用香豆素-3-羧酸制备香豆素？

4.6.4 酯缩合反应

含活泼 α-氢的酯在碱性催化剂存在下，与另一分子酯发生缩合反应，称为 Claisen 酯缩合反应。乙酰乙酸乙酯就是乙酸乙酯的酯缩合产物。在反应中一般用金属钠作缩合剂，但真正的缩合剂是乙酸乙酯中残留的乙醇与钠作用产生的醇钠。反应一旦开始，乙醇就不断生成，并与钠作用，所以，如果使用高纯度的乙酸乙酯和金属钠作用，反而不能反应。

由于乙酰乙酸乙酯分子中亚甲基上的氢比乙醇的酸性强得多，最后得到的是乙酰乙酸乙酯的钠化物，必须用醋酸酸化，才能使乙酰乙酸乙酯游离出来。

乙酰乙酸乙酯的钠盐在醇溶液中与一些卤代烃作用，可以得到在亚甲基上一烷基或二烷基取代的乙酰乙酸乙酯，再经过碱性水解、酸化、加热脱羧可以得到取代丙酮。

实验三十二　乙酰乙酸乙酯的合成

【目的及要求】

（1）巩固掌握常压蒸馏、减压蒸馏技术；

（2）了解并掌握分液萃取、盐析的应用；

（3）复习巩固酯缩合反应。

【反应式】

$$H_3C-\overset{\overset{\displaystyle O}{\|}}{C}-OC_2H_5 \xrightarrow{C_2H_5ONa} \left[H_3C-\overset{\overset{\displaystyle O}{\|}}{C}-\overset{}{CH}-\overset{\overset{\displaystyle O}{\|}}{C}-O-C_2H_5\right]^-Na^+$$

$$\xrightarrow{H^+} H_3C-\overset{\overset{\displaystyle O}{\|}}{C}-CH_2-\overset{\overset{\displaystyle O}{\|}}{C}-O-C_2H_5$$

1. 常量合成

【所需试剂】

乙酸乙酯 18.0 mL(0.19 mol)；金属钠 2.0 g(0.08 mol)；50%醋酸水溶液；饱和氯化钠溶液；无水硫酸镁；无水氯化钙。

【操作步骤】

在一个干燥的 100 mL 圆底烧瓶中，加入 18 mL 干燥的乙酸乙酯和 2 g 金属钠丝[1]，迅速装上回流冷凝管和氯化钙干燥管，反应即开始。用热水维持沸腾状态，至金属钠完全反应。

将反应物冷却到 50 ℃，在不断振荡下慢慢加入约 12 mL 50%的醋酸水溶液至呈微酸性（过量的乙酸水溶液会增大乙酸乙酯的溶解度）。加入等体积的氯化钠饱和溶液，充分振荡，将液体转移至分液漏斗中静置。待乙酸乙酯完全析出后分出，用无水硫酸镁干燥。滤入蒸馏瓶，水浴蒸出未反应的乙酸乙酯。然后进行减压蒸馏[2]，收集乙酰乙酸乙酯 4~5 g。

乙酰乙酸乙酯沸点与压力的对应关系见表 4-3。

表 4-3　乙酰乙酸乙酯沸点与压力的对应关系

压力/Pa	101 325	10 666	8 000	5 333	4 000	2 666	2 400	2 000	1 600
沸点/℃	180	100	97	92	88	82	78	73	71

【注释】

[1] 金属钠遇水即燃烧爆炸，使用时应严格注意。

[2] 常压蒸馏乙酰乙酸乙酯会发生部分分解。

【思考题】

(1) 实验中用饱和氯化钠的目的何在？

(2) 何为互变异构现象？如何用实验来证明乙酰乙酸乙酯式两种互变异构体的平衡混合物？

2. 半微量合成

【所需试剂】

金属钠 1.30 g(56.5 mmol)；乙酸乙酯 14 mL(142.9 mmol)。

【操作步骤】

在干燥的 50 mL 圆底烧瓶中，加入 14.0 mL 乙酸乙酯和 1.3 g 新切的钠丝，迅速安装回流冷凝管和氯化钙干燥管，反应即开始。用水浴维持沸腾状态，至金属钠完全反应。此时生成的是橘红色透明的乙酰乙酸乙酯溶液。

将反应物冷却到50 ℃，在不断振荡下慢慢加入8.0 mL 50%的醋酸（等体积冰醋酸和水配成），在此过程中出现大量固体，继续加入醋酸，逐渐溶解，溶液呈微酸性（pH = 5）。加入等体积的50%饱和氯化钠溶液，充分振荡，转移至分液漏斗中静止，待有机层完全析出后，分出有机层，并用无水硫酸镁干燥。滤入蒸馏瓶，水浴蒸出未反应的乙酸乙酯[1]，然后进行减压蒸馏[2]，得到产品3.2～3.6 g。

【注释】

[1] 蒸馏乙酸乙酯要慢，以免带出产品。

[2] 蒸馏乙酰乙酸乙酯时，必须减压蒸馏，以避免其分解，且体系压力越低越好。

【思考题】

同常量合成。

【产物谱图】

乙酰乙酸乙酯的红外谱图如图4-14所示，乙酰乙酸乙酯的[1]H NMR谱图如图4-15所示。

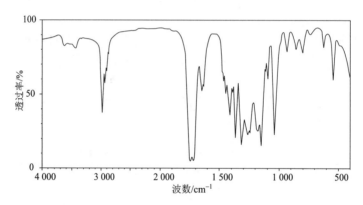

图4-14　乙酰乙酸乙酯的红外谱图

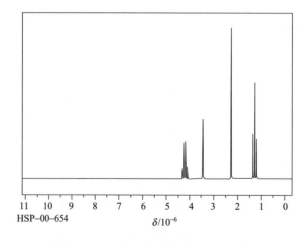

图4-15　乙酰乙酸乙酯的[1]H NMR谱图

实验三十三　4-苯基-2-丁酮及其亚硫酸氢钠加成物

【目的及要求】

(1) 了解多步骤有机合成；

(2) 巩固乙酰乙酸乙酯的反应；

(3) 了解无水操作。

【合成步骤】

(1) 乙酰乙酸乙酯的合成同实验三十二。

(2) 4-苯基-2-丁酮的合成。

【反应式】

$$H_3C-\overset{O}{\overset{||}{C}}-CH_2-\overset{O}{\overset{||}{C}}-O-C_2H_5 \xrightarrow{C_2H_5ONa} [H_3C-\overset{O}{\overset{||}{C}}-CH-\overset{O}{\overset{||}{C}}-O-C_2H_5]^- Na^+$$

$$\xrightarrow{C_6H_5CH_2Cl} H_3C-\overset{O}{\overset{||}{C}}-\underset{\underset{CH_2C_6H_5}{|}}{CH}-\overset{O}{\overset{||}{C}}-O-C_2H_5$$

$$\xrightarrow{NaOH/H_2O} H_3C-\overset{O}{\overset{||}{C}}-\underset{\underset{CH_2C_6H_5}{|}}{CH}-\overset{O}{\overset{||}{C}}-O^- Na^+$$

$$\xrightarrow{H^+} H_3C-\overset{O}{\overset{||}{C}}-CH_2-CH_2C_6H_5$$

【所需试剂】

无水甲醇 3.55 g(4.5 mL, 110.8 mmol)；金属钠 0.53 g；乙酰乙酸乙酯 3.07 g (3.0 mol, 23.60 mmol)；氯化苄 2.7 mL(23.50 mmol)。

【操作步骤】

在 50 mL 干燥的三口瓶中，加入 4.5 mL 无水甲醇和 0.53 g 金属钠。在电磁搅拌下，室温反应。金属钠很快溶解并放出氢气，待钠反应完毕后，室温搅拌下滴加 3.0 mL 乙酰乙酸乙酯，继续搅拌 10 min。在室温下慢慢滴加 2.7 mL 氯化苄，此时溶液呈米黄色浑浊液，然后加热回流 30 min。停止加热，稍冷却后，慢慢加入由 1.20 g 氢氧化钠和 10 mL 水配成的溶液，约需 5 min 加完，溶液 pH 为 11。

然后再加热回流 30 min 后，冷却至 40 ℃以下，慢慢滴加 3.0 mL 浓盐酸，将溶液 pH 调至 1～2。加热回流 30 min，进行脱羧反应。回流完毕后，溶液分为两层，上层为黄色有机相。

反应结束后，在水浴上将低沸点物蒸出，馏出液体积为 2.0～4.0 mL。冷却，用分液漏斗分出上层有机层，水层用 10 mL 乙醚提取一次。将乙醚与有机层合并，用饱和氯化钠溶液洗涤两次，至 pH 为 6～7，用无水硫酸钠干燥有机层。在水浴上蒸去乙醚，再减压蒸馏，收集 (132～140 ℃)/5.35 kPa (40 mmHg) 馏分，产品为无色透明液体，为 1.70～2.10 g，产率为 48% ~ 59%。

（3）4-苯基-2-丁酮亚硫酸氢钠加成物。

【反应式】

$$H_3C-\overset{O}{\overset{\|}{C}}-CH_2-CH_2C_6H_5 \xrightarrow{NaHSO_3} H_3C-\overset{OH}{\overset{|}{\underset{CH_2-CH_2C_6H_5}{C}}}-SO_3^-Na^+$$

【所需试剂】

4-苯基-2-丁酮 2.70 g(18.2 mmol)；亚硫酸氢钠 2.08 g(20.0 mmol)。

【操作步骤】

在 50 mL 锥形瓶中加入 2.70 g 4-苯基-2-丁酮和 12.5 mL 95% 的乙醇。在水浴上加热至 60 ℃，得到溶液 A。

在装有回流冷凝管和温度计的 100 mL 三口瓶中，加入 2.08 g 亚硫酸氢钠和 9 mL 水，加热至 80 ℃左右，搅拌使固体溶解，得到溶液 B(若溶液不透明，应趁热过滤)。

搅拌下将热溶液 A 慢慢加入溶液 B 中，加热回流 15 min，得到透明溶液。冷却使其结晶，过滤，固体用少量乙醇洗涤两次，得到白色片状结晶，质量为 3.80 g，产率为 84%。若需进一步提纯，可用 70% 乙醇重结晶。

4.7 硝化反应

有机分子中的氢原子被硝基(—NO_2)取代的反应称为硝化反应。芳环上的硝化反应是一类重要的亲电取代反应。芳烃经硝化、还原、重氮化等反应可以衍生出其他类化合物，因此在有机合成中有着广泛的应用。

硝化反应所用的硝化试剂种类很多，可以是单一化合物，也可以是混合物。硝化试剂主要是硝酸，从无水硝酸到稀硝酸都可以作为硝化试剂。由于反应底物的性质和活泼性不同，硝酸常常和各种质子酸、有机酸、酸酐及各种 Lewis 酸混合使用，如硝硫混酸、硝酸和乙酸酐的混合物等。硝硫混酸是应用最为广泛的硝化试剂，其中浓硫酸除了具有吸水作用外，更重要的是，其提供强酸性的介质，有利于硝酰阳离子的生成。硝酸和乙酸酐的反应较温和，适用于易被氧化和易被混酸分解的硝化反应。在进行硝化反应时，应当注意反应分子中是否存在对强酸敏感或易被氧化的基团。如果存在，则应选用比较温和的硝化试剂，也可以首先对这些基团实施保护。如氨基极易被氧化，在硝化前，应先进行氨基的保护。

此外，氮的氧化物、有机硝酸酯也可以作为硝化试剂。

实验三十四 硝基苯的合成[1]

【目的与要求】

（1）掌握搅拌、分液等基本操作；

（2）掌握高沸点化合物的蒸馏；

（3）复习巩固硝化反应的机理。

【反应式】

$$HONO_2 + 2H_2SO_4 \Longrightarrow NO_2^+ + H_3O^+ + 2HSO_4^-$$

【所需试剂】

苯 2.7 mL（2.4 g，0.03 mol）；浓硝酸 2.5 mL；浓硫酸 3 mL；5% 氢氧化钠溶液；无水氯化钙。

【操作步骤】

在 25 mL 锥形瓶中，加入 2.5 mL 浓硝酸，在冷却及摇荡下，慢慢加入 3 mL 浓硫酸制成混酸备用。

将装有冷凝管、温度计（温度计要深入液面以下）和滴液漏斗的 25 mL 三口瓶安装在电磁搅拌器上，并加入 2.7 mL 苯，冷凝管上端接一个气体吸收装置。开动磁力搅拌，把混酸滴加到反应瓶中，滴加过程要充分搅拌，控制温度在 50～55 ℃，切勿超过 60 ℃[2]。必要时可用冷水浴冷却。滴加完毕，用水浴加热，在 50～55 ℃继续搅拌 15 min，使反应完全。

反应物冷却后，倒入盛有 15 mL 水的 50 mL 烧杯中，充分搅拌后，转移至 25 mL 分液漏斗中，分去酸液，依次用 5 mL 水及 5% 氢氧化钠溶液洗涤，最后再用水洗涤两次[3]。有机相用无水氯化钙干燥至清亮，除去氯化钙，产品为黄色透明液体。粗产物为 2.8～3.6 g。

可以通过蒸馏精制硝基苯，收集 205～210 ℃馏分[4]。

纯硝基苯为淡黄色的透明液体，沸点为 210.8 ℃，折射率 n_D^{20} 为 1.556 2。

【注释】

[1] 硝基苯对人体有较大的毒性，吸入大量蒸气或与皮肤接触，均会引起中毒！处理硝基苯时，一定要谨慎小心。若皮肤不慎接触，应立即用少量乙醇洗涤，再用温水及肥皂洗涤。

[2] 硝化反应是放热反应，温度超过 60 ℃，会有较多的二硝基化合物产生，且较高温度下硝酸和苯也容易挥发损失。

[3] 洗涤时，特别是用氢氧化钠溶液洗涤时，不可过分摇荡，否则会使产品乳化而难以分离。如果发生乳化，可以加入氯化钠饱和溶液，也可以加几滴乙醇，再静置分层。

[4] 蒸馏时不可蒸干或蒸馏温度过高（不能超过 214 ℃），因残留的二硝基苯在高温时易剧烈分解。

【思考题】

（1）为什么反应温度要控制在 50～55 ℃？温度过高有什么不好？

（2）粗产物硝基苯依次用水、碱液、水洗涤的目的何在？

（3）甲苯和甲酸硝化时，反应条件有什么不同？

实验三十五　对硝基苯胺的合成

【目的及要求】

（1）掌握硝化反应的原理及氨基保护作用；

（2）掌握用有机溶剂进行重结晶；

（3）了解薄层色谱的应用。

【反应式】

【所需试剂】

乙酰苯胺 4 g（0.030 mol）；浓硫酸 7 mL；浓硝酸 3 mL；乙醇；10% NaOH；浓盐酸 12 mL。

【操作步骤】

1. 对硝基乙酰苯胺的制备

在 100 mL 烧杯中，加入 4 g 研细的乙酰苯胺粉末和 5 mL 浓硫酸，搅拌使其溶解。将混合物在冰浴中冷却到 0 ℃，在搅拌下慢慢加入 3.0 mL 浓硝酸和 2.0 mL 浓硫酸的混合物[1]。加毕继续在冰浴中搅拌 30 min，维持温度不超过 10 ℃。

对硝基苯胺的合成

将反应混合物慢慢倒入 20.0 mL 冰水中，立即有沉淀析出，抽滤收集固体，水洗至中性[2]。

2. 对硝基乙酰苯胺的水解

将上述得到的对硝基乙酰苯胺置于 100 mL 圆底烧瓶中，加 10 mL 水和 12 mL 浓盐酸，装上回流冷凝管，加热回流 30 min，直到混合物变为清亮的溶液。冷却后倒入盛有 30 mL 冰水的 250 mL 烧杯中，在冰浴冷却下边搅拌边加入 10% NaOH 溶液至碱性。冷却后抽滤晶体，用水洗涤，干燥。

用乙醇将产品进行重结晶。

纯的硝基苯胺为黄色针状晶体，熔点为 147.5 ℃。

3. 对硝基苯胺纯度的鉴定

取少量重结晶前及重结晶后的产物，用丙酮配成溶液。

取已经准备好的硅胶板一块，用管口平整的毛细管插入样品液中，在距离板一端 1 cm 处轻轻点样。每块板点样四个，分别为纯邻硝基苯胺、纯对硝基苯胺、重结晶前的产物和重结晶后的产物。

对硝基苯胺的纯度鉴定

以环己烷和乙酸乙酯（体积比 2∶1）为展开剂，在层析杯中加入约 0.5 cm 高的展开剂，盖好层析杯，稍加摇振，使层析杯内被溶剂蒸气饱和。将点好样的薄层板放入层析杯内，点样一端在下，浸入展开剂内约 0.5 cm，盖好杯子。待溶剂前沿距板的上端 0.5 cm 时，立即取出薄层板，用铅笔记下溶剂前沿位置，晾干。

分析重结晶前后产物的纯度。

【注释】

［1］滴加速度过快将使反应温度过高，从而产生二硝化产物。

〔2〕一定要将产物洗至中性，否则影响产品的质量。

【思考题】

是否可以用苯胺直接硝化制备对硝基苯胺？为什么？

【产物谱图】

对硝基苯胺的红外谱图如图 4 – 16 所示。

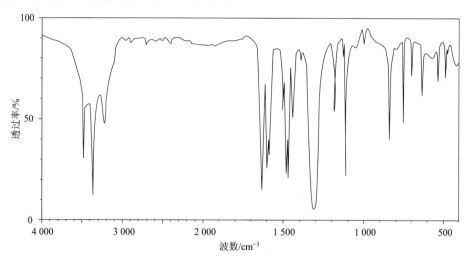

图 4 – 16　对硝基苯胺的红外谱图

4.8　重氮化反应及应用

芳香族伯胺在强酸性介质中与亚硝酸作用，生成重氮盐的反应，称为重氮化反应。由于芳香胺苯环的 π 键可与重氮基上的 π 键共轭，芳香族重氮盐相对比较稳定，可以在冰浴温度下制备和反应。作为反应的中间体，可以用来合成多种取代苯，尤其是一些通过苯的亲电取代反应难以得到的化合物。

重氮盐的制备方法是将芳香胺溶解或悬浮于过量的稀酸中，溶液冷却至 0~5 ℃，加入与芳胺等物质量的亚硝酸钠水溶液，反应即迅速进行。由于重氮盐在室温下就容易分解，一般不经过分离，直接进行下一步反应。在重氮盐的制备及反应过程中，一定要注意以下三点，否则会影响反应的进行。

（1）酸的用量一般为芳胺的 2.5~3 倍。酸的作用除了与亚硝酸钠作用产生亚硝酸、形成重氮盐外，还必须维持整个反应体系的酸性，防止重氮盐发生偶联等副反应。

（2）保持 0~5 ℃低温，防止重氮盐分解。

（3）亚硝酸钠的用量不能过量，因为多余的亚硝酸会使重氮盐氧化而降低产率，可以用淀粉–碘化钾试纸检验重氮化反应是否已经完成。

重氮盐的重氮基可以被—H、—OH、—F、—Cl、—Br、—I、—CN、—SH、—NO_2 等取代，制备各种芳香族化合物。其中一个重要反应为 Sandmeyer 反应，即重氮盐溶液在氯化亚铜、溴化亚铜和氰化亚铜存在下，重氮基可以被氯原子、溴原子和氰基取代，生成芳香族氯化物、溴化物和芳氰。由于氯化亚铜在空气中易被氧化，故以新鲜制备为宜。在操作上是将冷的重氮盐溶液慢慢加入较低温度的氯化亚铜溶液中。制备芳氰时，反应需在中性条件下进行，以免氢氰酸逸出。

重氮盐也可以与芳香胺或酚类反应制备偶氮染料。

实验三十六　对氯甲苯的合成

【目的与要求】

（1）了解掌握低温反应；

（2）掌握水蒸气蒸馏、分液萃取等基本操作；

（3）复习掌握重氮化反应。

【反应式】

$$2CuSO_4 + 2NaCl + NaHSO_3 + 2NaOH \longrightarrow 2CuCl\downarrow + 2Na_2SO_4 + NaHSO_4 + H_2O$$

$$\underset{NH_2}{\overset{CH_3}{\bigcirc}} \xrightarrow[\substack{NaNO_2 \\ 0\sim 5\ ℃}]{HCl} \underset{N_2^+Cl^-}{\overset{CH_3}{\bigcirc}} \xrightarrow[HCl]{CuCl} \xrightarrow{\triangle} \underset{Cl}{\overset{CH_3}{\bigcirc}} + N_2\uparrow$$

【所需试剂】

对甲苯胺 10.7 g（10.7 mL，0.1 mol）；亚硝酸钠 7.7 g（0.11 mol）；结晶硫酸铜（$CuSO_4 \cdot 5H_2O$）30 g（0.12 mol）；亚硫酸氢钠 7 g（0.067 mol）；氯化钠 9 g（0.16 mol）；氢氧化钠 4.5 g（0.11 mol）；浓盐酸；苯；淀粉–碘化钾试纸；无水氯化钙。

【操作步骤】

1. 氯化亚铜的制备

在 500 mL 圆底烧瓶中放置 30 g 结晶硫酸铜（$CuSO_4 \cdot 5H_2O$）、9 g 氯化钠及 100 mL 水，加热使固体溶解。趁热（60~70 ℃）[1]在摇振下加入由 7 g 亚硫酸氢钠[2]与 4.5 g 氢氧化钠及 5 mL 水配成的溶液。溶液由原来的蓝绿色变为浅绿色或无色，并析出白色粉状固体，置于冷水浴中冷却。用倾泻法尽量倒去上层溶液，再用水洗涤两次，得到白色粉末状的氯化亚铜。倒入 50 mL 冷的浓盐酸，使沉淀溶解，塞紧瓶塞，置冰水浴中冷却备用[3]。

2. 重氮盐溶液的制备

在烧杯中放置 30 mL 浓盐酸、30 mL 水及 10.7 g 对甲苯胺，加热使对甲苯胺溶解。稍冷后，置冰盐浴中并不断搅拌使成糊状，控制在 5 ℃，再在搅拌下，由滴液漏斗加入 7.7 g 亚硝酸钠溶于 20 mL 水的溶液，控制滴加速度，使温度始终保持在 5 ℃以下[4]。必要时可在反应液中加一小块冰，防止温度上升。当 85%~95% 的亚硝酸钠溶液加入后，取一两滴反应液在淀粉–碘化钾试纸上检验。若立刻出现深蓝色，表示亚硝酸钠已适量，不必再加，搅拌片刻。重氮化反应越到后来越慢，最后每加一滴亚硝酸钠溶液后，须略等几分钟再检验。

3. 对氯甲苯的制备

把制好的对甲苯胺重氮盐溶液慢慢倒入冷的氯化亚铜盐酸溶液中，边加边振摇烧瓶，不久析出重氮盐–氯化亚铜橙红色复合物，加完后，在室温下放置 15 min~0.5 h。然后用水浴慢慢加热到 50~60 ℃[5]，分解复合物，直至不再有氮气逸出。将产物进行水蒸气蒸馏，蒸出对氯甲苯。分出油层，水层用苯萃取两次（每次 15 mL），苯萃取液与油层合并，依次用 10% 氢氧化钠溶液、水、浓硫酸、水各 10 mL 洗涤。苯层经无水氯化钙干燥后在水浴上蒸去苯，然后蒸馏，收集 158~162 ℃ 的馏分，产量 7~9 g。

纯对氯甲苯的沸点为 162 ℃，折射率 n_D^{20} 为 1.515 0。

本实验需 6~8 h。

邻氯甲苯的制备以邻甲苯胺为原料，所有试剂及用量、实验步骤和条件及产率均与对氯甲苯的相同。蒸馏收集 154~159 ℃ 的馏分。

纯邻氯甲苯的沸点为 159.15 ℃，折光率 n_D^{20} 为 1.526 8。

【注释】

[1] 在此温度下得到的氯化亚铜粒子较粗，便于处理，且质量较好。温度较低，则颗粒较细，难以洗涤。

[2] 亚硫酸氢钠的纯度，最好在 90% 以上。如果纯度不高，按此比例配方时，则还原不完全。并且由于碱性偏高，生成部分氢氧化亚铜，使沉淀呈土黄色。此时可根据具体情况，酌量加亚硫酸氢钠，或适当减少氢氧化钠用量。在实验中，如发现氯化亚铜沉淀中杂有少量黄色沉淀，应立即加几滴盐酸，稍加振荡即可除去。

[3] 氯化亚铜在空气中遇热或光易被氧化，重氮盐久置易于分解，为此，二者的制备应同时进行，且在较短的时间内进行混合。如果氯化亚铜用量较少，会降低对氯甲苯的产量（因为氯化亚铜与重氮盐的物质的量比是 1∶1）。

[4] 如反应温度超过 5 ℃，则重氮盐会分解，使产率降低。

[5] 如果分解温度过高，会产生副反应，生成部分焦油状物质。若时间许可，可将混合后生成的复合物在室温下放置过夜，然后再加热分解。在用水浴加热分解时，有大量氮气逸出，应不断搅拌，以免反应液外溢。

【思考题】

（1）什么叫重氮化反应？它在有机合成中有何应用？

（2）为什么重氮化反应必须在低温下进行？如果温度过高或溶液酸度不够，会产生什么副反应？

（3）为什么不直接将甲苯氯化而用 Sandmeyer 反应来制备邻氯甲苯和对氯甲苯？

（4）氯化亚铜在盐酸存在下，被亚硝酸氧化，反应瓶可以观察到一种红棕色的气体放出，试解释这种现象，并用反应式来表示之。

（5）写出由邻甲苯胺制备下列化合物的反应式，并注明反应试剂和条件。

① 邻甲基苯甲酸；② 邻氟苯甲酸；③ 邻碘甲苯；④ 邻甲基苯肼。

实验三十七　碘苯的合成

【目的与要求】

（1）掌握盐浴冷却技术；

（2）巩固简单蒸馏技术和水蒸气蒸馏技术；

（3）复习巩固重氮化反应。

【反应式】

NH$_2$ $\xrightarrow[\text{0} \sim \text{5 ℃}]{\text{NaNO}_2/\text{HCl}}$ N$_2^+$Cl$^-$ $\xrightarrow{\text{KI}}$ I

【所需试剂】

苯胺 3 mL（3.2 g，0.035 mol）；亚硝酸钠 2.6 g（0.038 mol）；KI 6.0 g（0.036 mol）；浓盐酸 9 mL；氢氧化钠（40%）；无水硫酸钠；淀粉-碘化钾试纸；亚硫酸氢钠溶液。

【操作步骤】

在 100 mL 锥形瓶中将新蒸馏的苯胺溶于 9 mL 浓盐酸和 9 mL 水的混合液中，在冰浴中冷却到 5 ℃以下。在另一个 100 mL 的烧杯中将 2.6 g 亚硝酸钠溶于 13 mL 水中，也冷却到 5 ℃以下。在搅拌下将亚硝酸钠溶液慢慢加到苯胺的盐酸溶液中，保持温度不超过 10 ℃，若温度太高，可向混合物中加入一些碎冰。加最后 2 mL 亚硝酸钠溶液时要慢，并用淀粉-碘化钾试纸检验，至试纸变蓝，反应完全。

将 6 g 碘化钾溶于 7 mL 水中，搅拌下慢慢加入上述溶液中，于室温下放置 0.5 h。装上冷凝管，水浴加热至无气体放出。冷却混合物，将水层尽量倾出，剩余物用氢氧化钠溶液调制碱性后进行水蒸气蒸馏。用分液漏斗分出碘苯，若有颜色，可用少量亚硫酸氢钠溶液洗涤。用无水硫酸钠干燥后，用空气冷凝管进行蒸馏，收集 187 ~ 190 ℃馏分，产量约 4 g。

【思考题】

(1) 制备重氮盐的反应为何不能超过 10 ℃？

(2) 用淀粉-碘化钾试纸检验重氮化反应是否完全的原理是什么？

(3) 加碘化钾后放出的气体是什么？

(4) 用亚硫酸钠溶液洗去的是什么？

实验三十八　甲基橙的合成

【目的与要求】

(1) 了解重氮盐的偶合反应；

(2) 掌握盐浴冷却技术；

(3) 巩固重结晶技术。

【反应式】

HO$_3$S—⟨ ⟩—NH$_2$ $\xrightarrow{\text{NaOH}}$ NaO$_3$S—⟨ ⟩—NH$_2$ $\xrightarrow[\text{0} \sim \text{5 ℃}]{\text{NaNO}_2/\text{HCl}}$ HO$_3$S—⟨ ⟩—N$_2^+$Cl$^-$

$\xrightarrow[\text{HAc}]{\text{PhNMe}_2}$ HO$_3$S—⟨ ⟩—N═N—⟨ ⟩—NMe$_2$ $\xrightarrow{\text{NaOH}}$ NaO$_3$S—⟨ ⟩—N═N—⟨ ⟩—NMe$_2$

【所需试剂】

对氨基苯磺酸（二水合）2.1 g（0.01 mol）；亚硝酸钠 0.8 g（0.011 mol）；氢氧化钠（5%）约 50 mL；浓盐酸 3 mL；N,N-二甲基苯胺 1.2 g（1.3 mL，0.01 mol）；冰醋酸 1 mL；乙醇；乙醚；淀粉-碘化钾试纸。

【操作步骤】

在 100 mL 烧杯中加 10 mL 氢氧化钠溶液（5%）和 1.2 g 对氨基苯磺酸，温热使其溶解。

在另一烧杯中将 0.8 g 亚硝酸钠溶于 6 mL 水中，将其加入对氨基苯磺酸钠的溶液中，用冰盐浴冷到 0 ~ 5 ℃。在不断搅拌下，将 3 mL 浓盐酸与 10 mL 水配成的溶液缓慢滴加到上述混合溶液中，控制温度在 5 ℃ 以下。加毕，在冰盐浴中放置 15 min，用淀粉–碘化钾试纸检验反应是否完全[1]。

在一试管中加入 1.2 g N,N–二甲基苯胺和 1 mL 冰醋酸，在不断搅拌下，将此溶液慢慢加入上述冷却的重氮盐溶液中，加毕继续搅拌 10 min，然后慢慢加入 5% 氢氧化钠溶液（25 ~ 35 mL），至反应混合物变为橙色，此时反应液呈碱性。将反应液在沸水浴上加热 5 min，冷却到室温，再在冰水浴中冷却，使甲基橙晶体完全析出。抽滤，依次用少量水、乙醇、乙醚洗涤、压干。用 1% 氢氧化钠溶液重结晶[2]，依次用少量水、乙醇、乙醚洗涤[3]，得到橙色叶片状晶体约 2.5 g。

溶解少许甲基橙于水中，加入几滴稀盐酸溶液，随后用稀氢氧化钠溶液中和，观察颜色的变化。

【注释】

[1] 若试纸不变色，应补加亚硝酸钠溶液。若呈蓝色，表明亚硝酸过量，应加入少量尿素除去。

[2] 重结晶操作应迅速，否则，在碱性条件下，甲基橙在较高的温度下会变质，颜色加深。

[3] 用乙醇和乙醚洗涤的目的是促使产品迅速干燥。

【思考题】

（1）重氮化反应为什么必须在低温、强酸性条件下进行？

（2）解释甲基橙在酸碱介质中变色的原因，用反应式表示。

4.9　偶氮苯的光异构化

偶氮苯有顺、反两种异构体，反式异构体比顺式稳定。最常见的形式是反式异构体，反式偶氮苯在光照下能吸收紫外光，形成活化分子，活化分子在失去过量的能量后又回到基态，但有些是回到反式基态，有些回到顺式基态。生成的混合物的组成与使用的光的波长有关。当用波长为 365 nm 的光照射偶氮苯的溶液时，生成 90% 以上热力学不稳定的顺式异构体；若用阳光照射，顺式异构体仅稍多于反式异构体。

两种异构体均为橘红色晶体，可以用色谱技术将两种异构体分开。

实验三十九　偶氮苯的合成及光异构化反应

【目的与要求】

（1）巩固掌握回流及重结晶技术；

（2）了解色谱分离技术；

（3）了解硝基苯的光异构化反应。

【反应式】

$$\text{C}_6\text{H}_5-\text{NO}_2 + 4\text{Mg} + 8\text{CH}_3\text{OH} \longrightarrow \text{C}_6\text{H}_5-\text{N}=\text{N}-\text{C}_6\text{H}_5 + 4(\text{CH}_3\text{O})_2\text{Mg} + 4\text{H}_2\text{O}$$

【所需试剂】

硝基苯 2.6 mL(3.13 g, 0.025 mol)；无水甲醇；镁屑 1.5 g；金属钠 0.2~0.5 g；95%乙醇；乙酸；苯。

【操作步骤】

1. 无水甲醇的处理

取 70 mL 分析纯的无水甲醇，加入 0.2~0.5 g 金属钠，待钠溶解后蒸出甲醇。（注意，所有仪器应当干燥。）

2. 偶氮苯的合成

在 250 mL 圆底烧瓶中，加入 2.6 mL 硝基苯、55 mL 无水甲醇、1.5 g 镁屑和一小粒碘，迅速装上回流冷凝管，反应很快发生且放热，致使溶液沸腾。若反应过于剧烈，可用冰水浴冷却。待大部分镁反应后，冷却，再加入 1.5 g 镁屑，待加入的镁屑大部分反应完后，于 70~80 ℃ 水浴上回流 30 min。将反应液倒入 10 mL 冰水中，用乙酸中和到中性或弱酸性，有大量红色固体析出，用冰水冷却后过滤。用少量冰水洗涤固体，用 95% 乙醇重结晶，得橙红色针状晶体 1~1.5 g，熔点为 68 ℃。

3. 偶氮苯的光异构化及薄层分离

取 0.1 g 偶氮苯放入一试管中，加入 5 mL 苯使之溶解，分成两份，其中一个试管于日光下照射 1 h 或在 365 nm 的紫外灯下照射 30 min，另一试管用黑纸包好避免光线照射。

取一块硅胶板，在离板一端 1 cm 处点两个样，一个是经过光照的偶氮苯，一个是没有经过光照的偶氮苯，两个样之间的距离约 1 cm。在 150 mL 的棕色广口瓶中放入 5 mL 3:1 的环己烷–苯溶液，将样点已经干燥的硅胶板放入广口瓶中展开。待溶剂前沿离板的上端 0.3~0.5 cm 时取出，立即记下展开剂前沿的位置。晾干后观察，经光照过的偶氮苯有两个黄色斑点，判断哪一个是顺式，哪一个是反式，并计算其 R_f 值。

【产物谱图】

偶氮苯的 ^{1}H NMR 谱图如图 4-17 所示。

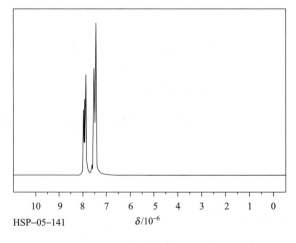

图 4-17   偶氮苯的 ^{1}H NMR 谱图

4.10　Fridel–Crafts 反应

　　Fridel–Crafts 反应是巴黎大学化学家 C. Fridel 和美国化学家 J. M. Crafts 在合作研究中发现的，并以他们的名字命名。Fridel-Crafts 反应的应用十分广泛，被用来合成烷基芳烃和芳酮。

　　在 Fridel–Crafts 反应中，常用的催化剂有三氯化铝、氯化锌、三氟化硼等路易斯酸，其中三氯化铝的效果最好。在烷基化反应中，无水三氯化铝仅需催化用量。而在酰基化反应中，由于无水三氯化铝可以与羰基化合物形成稳定的配合物，仅用催化量的无水三氯化铝是不够的。以酰氯作酰化试剂时，考虑到酰氯及产物都会与三氯化铝作用形成配合物，因此，1 mol 酰氯投入量，需配以多于 1 mol 的无水三氯化铝，一般过量 10%。若用酸酐作酰化试剂，因为酸酐在反应过程中产生的乙酸同样可以与无水三氯化铝作用，因此 1 mol 酸酐至少需要 2 mol 的三氯化铝，通常也过量 10%。在酰基化反应中，时常以过量的芳烃作为溶剂，有时也用二硫化碳、硝基苯、石油醚等作溶剂。

实验四十　苯乙酮的合成

【目的与要求】

（1）了解无水操作；

（2）掌握气体吸收装置及有机液体的干燥；

（3）掌握高沸点化合物的蒸馏；

（4）复习巩固芳烃的傅氏酰基化反应。

【反应式】

$$
\text{苯} + \begin{array}{c} \text{CH}_3\text{C}=\text{O} \\ \text{O} \\ \text{CH}_3\text{C}=\text{O} \end{array} \xrightarrow{\text{AlCl}_3} \text{苯—CCH}_3 (\text{O}) + \text{CH}_3\text{COOH}
$$

1. 常量合成

【所需试剂】

无水无噻吩苯 40 mL（0.45 mol）；无水三氯化铝 20.0 g（0.15 mol）；醋酸酐 6.0 mL（0.06 mol）；浓盐酸；苯 20 mL（提取用）；5% 氢氧化钠水溶液；无水硫酸镁；无水氯化钙。

【操作步骤】

　　在装有回流冷凝管和恒压滴液漏斗的 250 mL 三口瓶中[1]，加入 40 mL 无水无噻吩苯和 20 g 无水三氯化铝（动作要迅速），在冷凝管的上口加一氯化钙干燥管和一氯化氢气体吸收装置（用稀氢氧化钠溶液吸收）。先向三口瓶中加几滴醋酸酐，待反应开始后再继续边振荡三口瓶边滴加醋酸酐，控制滴加速度，勿使反应过于激烈。加毕，待反应缓和后，用水浴加热回流，至无氯化氢气体产生为止（约需 30 min）。冷却到室温，在不断搅拌下倒入盛有

50 mL 浓盐酸和 50 g 碎冰的烧杯中进行分解（在通风橱或室外进行），若还有不溶物，可加少量盐酸使其溶解。用分液漏斗分出有机层，水层用 20 mL 苯分两次提取。合并有机层，分别用 5% 氢氧化钠溶液和水洗涤，用无水硫酸镁干燥。

将干燥好的有机层滤入蒸馏瓶中，水浴蒸出苯[2]。待所有的苯蒸出后，改用电热套加热蒸去残留的苯。当温度上升至 140 ℃ 左右时，停止加热，稍冷后改成空气冷凝管，收集 198 ~ 202 ℃ 馏分[3]，得无色液体约 4 g。

纯苯乙酮的沸点为 202 ℃，熔点为 20.5 ℃，折射率 n_D^{20} 为 1.537 2。

【注释】

[1] 本实验所用仪器均需充分干燥，否则影响反应顺利进行。另外，还要防止空气中的水汽进入反应系统，因此，凡是和空气相通的部位，应装干燥管。

[2] 由于产物不多，应选用较小的蒸馏瓶，苯溶液可以用分液漏斗分批加入。

[3] 也可以用减压蒸馏。苯乙酮在不同压力下的沸点见表 4 - 4。

表 4 - 4 苯乙酮在不同压力下的沸点

压力/mmHg[①]	4	5	6	7	8	9	10	25
沸点/℃	60	64	68	71	73	76	78	98
压力/mmHg	30	40	50	60	100	150	200	
沸点/℃	102	109.4	115.5	120	133.6	146	155	

① 1 mmHg = 133.322 4 Pa。

【思考题】

（1）水和潮气对本实验有何影响？

（2）反应完成后，为什么要加入浓盐酸和冰水混合物？

2. 半微量合成

【所需试剂】

无水无噻吩苯 14.0 mL；无水三氯化铝 10.00 g(74 mmol)；醋酸酐 3.0 mL(32 mmol)；浓盐酸；苯 15 mL(提取用)；5% 氢氧化钠水溶液；无水硫酸镁；无水氯化钙。

【操作步骤】

在装有回流冷凝管和恒压滴液漏斗的 50 mL 三口瓶中[1]，加入 14 mL 无水无噻吩苯和 10.0 g 无水三氯化铝（动作要迅速），在冷凝管的上口加一氯化钙干燥管和一氯化氢气体吸收装置（用稀氢氧化钠溶液吸收）。先向三口瓶中加几滴醋酸酐，待反应开始后，再继续边振荡三口瓶边滴加醋酸酐，控制滴加速度，勿使反应过于激烈，以三口瓶稍热为宜，约十几分钟滴加完毕，待反应缓和后，用水浴加热回流，至无氯化氢气体产生为止（约需 15 min）。冷却到室温，在不断搅拌下倒入盛有 25 mL 浓盐酸和 25 g 碎冰的烧杯中进行分解（在通风橱或室外进行），若还有不溶物，可加少量盐酸使其溶解。用分液漏斗分出有机层，水层用 15 mL 苯分两次提取，合并有机层，分别用 5% 氢氧化钠溶液和水洗涤，用无水硫酸镁干燥。

将干燥好的有机层滤入蒸馏瓶中，水浴蒸出苯[2]。待所有的苯蒸出后，改成电热套加热蒸去残留的苯，当温度上升至 140 ℃ 左右时，停止加热，稍冷后改成空气冷凝管，收集 198～202 ℃ 馏分[3]，得无色液体约 2.4 g。

纯苯乙酮的沸点为 202 ℃，熔点为 20.5 ℃，折射率 n_D^{20} 为 1.537 2。

【注释】

[1] 本实验所用仪器均需充分干燥，否则影响反应顺利进行。另外，还要防止空气中的水汽进入反应系统，因此，凡是和空气相通的部位，应装干燥管。

[2] 由于产物不多，应选用较小的蒸馏瓶，苯溶液可以用分液漏斗分批加入。

[3] 也可以用减压蒸馏。苯乙酮在不同压力下的沸点参见表 4-4。

【思考题】

同常量合成反应。

实验四十一　对甲苯乙酮的合成

【目的与要求】

(1) 了解无水操作；

(2) 掌握气体吸收装置及有机液体的干燥；

(3) 掌握高沸点化合物的蒸馏；

(4) 复习巩固芳烃的傅氏酰基化反应。

【反应式】

$$\text{CH}_3\text{-C}_6\text{H}_5 + (\text{CH}_3\text{CO})_2\text{O} \xrightarrow{\text{AlCl}_3} \xrightarrow{\text{HCl/H}_2\text{O}} \text{CH}_3\text{-C}_6\text{H}_4\text{-COCH}_3 + \text{CH}_3\text{COOH}$$

【所需试剂】

无水甲苯 36 mL；醋酸酐 6.8 mL(7.3 g，0.072 mol)；三氯化铝 22 g(0.165 mol)；浓盐酸；10% 氢氧化钠水溶液；无水硫酸镁；无水氯化钙。

【操作步骤】

在 250 mL 三口瓶上分别装上恒压滴液漏斗[1]和顶端连有氯化钙干燥管的球形冷凝管，在干燥管上再接一气体吸收装置。

迅速称取 22 g 无水三氯化铝放入三口瓶中，再加入 30 mL 无水甲苯。在滴液漏斗中放置 6.8 mL 醋酸酐和 6 mL 无水甲苯的混合物。在不断搅拌下，将此混合物慢慢滴入三口瓶中（需 15～20 min）。加完后，加热 30 min，使反应完全。待反应物冷却[2]后，边搅拌边慢慢倒入 45 mL 浓盐酸和 50 mL 冰水的混合物中。若有不溶物，可以再加少量水或盐酸。用分液漏斗分出有机层，依次用水、10% 氢氧化钠、水各 25 mL 洗涤有机相，最后用无水硫酸镁干燥。

将干燥后的粗产物甲苯溶液滤入蒸馏瓶，在电热套上直接加热蒸去甲苯（甲苯的沸点为

110 ℃)[3]。当馏分温度升到140 ℃左右时，停止加热。稍冷后改为减压蒸馏装置。减压蒸馏收集馏分[4]，可得到对甲苯乙酮 7~8 g。

纯对甲苯乙酮的沸点为222 ℃，折射率 n_D^{20} 为 1.535 33。

产物分析：用气相色谱分析产物中对甲苯乙酮及邻甲苯乙酮的含量。

【注释】

［1］本实验所用仪器均需充分干燥，否则影响反应顺利进行。另外，还要防止空气中的水汽进入反应系统，因此，凡是和空气相同的部位，应装置干燥管。

［2］冷却时，要防止气体吸收装置中的水倒吸入反应瓶中。

［3］由于产物不多，应选用较小的蒸馏瓶，甲苯溶液可以用分液漏斗分批加入。

［4］蒸馏温度根据体系的压力确定。

对甲苯乙酮的压力与温度的关系数据见表4-5。

表4-5 对甲苯乙酮的压力与温度的关系数据

压力/Pa	101 325	16 325	8 000	5 333	4 000	2 666	1 600
沸点/℃	226	143	117	104	96	84	70

也可以根据经验图4-18确定。

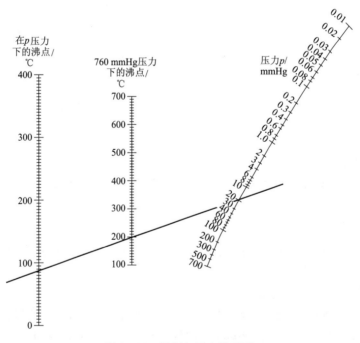

图4-18 温度与压力关系图

【产物谱图】

对甲苯乙酮的红外谱图如图4-19所示。

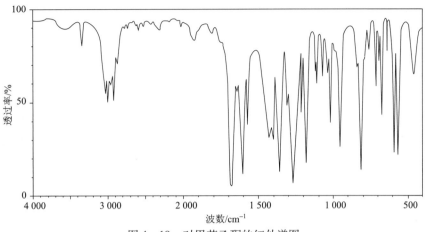

图 4-19　对甲苯乙酮的红外谱图

实验四十二　乙酰二茂铁的合成及精制

【目的与要求】

（1）通过乙酰二茂铁的合成，复习芳香化合物的酰基化反应。

（2）了解柱色谱分离的原理和应用。

（3）学习用薄层色谱法确定柱色谱的淋洗剂，用柱色谱法提纯乙酰二茂铁。

（4）复习减压过滤操作和重结晶的操作。

（5）学习旋转蒸发器的使用方法。

【反应式】

$$\text{二茂铁} + (CH_3CO)_2O \xrightarrow{85\% \ H_3PO_4} \text{乙酰二茂铁} + CH_3COOH$$

【所需试剂】

二茂铁 3.0 g（0.016 mol）；醋酸酐 20.0 mL（21.6 g, 0.21 mol）；H_3PO_4（质量分数 85%）；碳酸氢钠；石油醚；乙酸乙酯。

【操作步骤】

1. 乙酰二茂铁的合成

在装有回流冷凝管和温度计的 100 mL 三口瓶中加入 3.0 g 已研细的二茂铁和 20 mL 醋酐。在 10 mL 恒压滴液漏斗中，加入 3 mL 大于 85% 的 H_3PO_4，在电磁搅拌下缓慢滴加 H_3PO_4。注意观察控制反应的温度。滴加完毕后，搅拌加热 15 min。

乙酰二茂铁的合成

将反应混合物降至室温，倾入盛有 80 g 碎冰的 1 000 mL 烧杯中，三口瓶用冷水涮洗 3~4 次（每次用 10 mL），涮洗液也倾入 1 000 mL 烧杯中。待冰全部融化后，在不断搅拌下，小心分批地加入固体 NaHCO₃，中和混合物至中性为止[1]。冰浴冷却，减压抽滤收集析出的橙黄色固体，用水淋洗固体至滤液呈浅橙色。压实抽干，于红外灯下充分烘干，称重。

保留 0.5 g 左右的产品，其他用石油醚进行重结晶。

2. 乙酰二茂铁的色谱分离

（1）将少量的纯二茂铁、乙酰二茂铁粗产品及重结晶后的乙酰二茂铁配成溶液（可选用甲苯或乙酸乙酯做溶剂）。选用石油醚（60～90 ℃）和乙酸乙酯为展开剂，研究不同比例时，原料二茂铁、乙酰二茂铁粗品和重结晶后的乙酰二茂铁的薄层展开情况，确定最佳的展开剂比例，作为下面柱层析分离乙酰二茂铁粗品的参考洗脱剂（淋洗剂）。

乙酰二茂铁的
柱色谱分离

（2）柱色谱分离。

在层析柱中加入 1/3 柱高石油醚。在 100 mL 小烧杯中加入 30 g 硅胶（100～200 目），在玻璃棒的搅拌下，用约 40 mL 石油醚将硅胶调成浆状，赶走所有气泡，然后打开色谱柱下端活塞，使石油醚慢慢流出，同时，将浆状硅胶在搅拌下加入柱内（配以橡皮棒轻轻敲打色谱柱），让慢慢流出的石油醚带动硅胶缓慢沉降到柱的下端。当液面高度与硅胶高度持平时，关上下端旋塞。

将 0.4 g 乙酰二茂铁粗品配成溶液[2]，用吸管小心地将其移入柱中，打开旋塞，使柱内液面再次与硅胶持平（可以在上面放一层脱脂棉）。

小心地分批将由薄层色谱确定的洗脱剂加入柱中，调节旋塞，使洗脱剂以每秒一滴的速度流出。根据二茂铁和乙酰二茂铁的颜色及比移值不同，分别收集二茂铁及乙酰二茂铁[3]。

用旋转蒸发器分别蒸干收集到的乙酰二茂铁溶液。

【注释】

[1] 若加入一定量 NaHCO₃ 后，没有达到中性，但 pH 也不在变化，可以停止加碱。

[2] 乙酰二茂铁在石油醚中溶解度较小，可用尽量少的乙酸乙酯溶解。

[3] 二茂铁收集完，可适当提高洗脱剂的极性，加快洗脱速度。

【思考题】

分别用 150 ℃ 加热 8 h 的硅胶和暴露在大气中数天的硅胶装柱，淋洗时，乙酰二茂铁在哪种柱上移动得较快？为什么？

4.11　Diels–Alder 反应

Diels–Alder 反应是由德国的两位化学家发现并以他们的名字命名的反应，是一个巧妙的合成六元环化合物的方法。此反应是共轭双烯与亲双烯体（活化双键或三键）的反应，一般在加热条件下即可进行，产率也比较高，改变共轭双烯和亲双烯体的结构，可以得到多种类型的化合物，在有机合成中有着广泛的应用。

共轭二烯主要有丁二烯的衍生物、环状 1,3–二烯或呋喃及其衍生物。典型的亲双烯体是 β–碳带有吸电子基的不饱和羰基化合物，如马来酸酐、丙烯醛等。

实验四十三　双环 [2. 2. 1] -2-庚烯-5,6-二酸酐

【目的与要求】

了解 Diels-Alder 反应。

【反应式】

$$\text{（反应式）}$$

【所需试剂】

环戊二烯 2 mL(1.6 g, 0.025 mol)[1]；马来酸酐 2.0 g(0.02 mol)；乙酸乙酯；石油醚（沸点 60~90 ℃）。

【操作步骤】

在 50 mL 干燥的圆底烧瓶中，加入 2 g 马来酸酐和 7 mL 乙酸乙酯[2]，在水浴上温热使之溶解。然后加入 7 mL 石油醚，混合均匀后，将此溶液置于冰浴中冷却。加入 2 mL 新蒸的环戊二烯，在冷水浴中摇振烧瓶，直至放热反应完成，析出白色结晶。将反应物在水浴上加热，使固体重新溶解，再让其缓缓冷却，得到内型-降冰片烯-5,6 二羧酸酐的白色针状结晶，抽滤，干燥后产物约 2 g，熔点为 163~164 ℃。

上述得到的酸酐很容易水解为内型-顺二羧酸，取 1 g 酸酐置于锥形瓶中，加入 15 mL 水，加热至沸使固体和油状物完全溶解后，让其自然冷却。必要时用玻璃棒摩擦瓶壁，促使其结晶。得白色棱状结晶 0.5 g 左右，熔点为 178~180 ℃。

【注释】

[1] 市场出售的环戊二烯均为二聚体，将二聚体加热到 170 ℃ 即可解聚，具体方法如下：在装有 30 cm 长的刺形分馏柱的圆底烧瓶中，加入环戊二烯，慢慢进行分馏。热裂反应开始时要慢，二聚体转变为单体馏出，沸程为 40~42 ℃。控制分馏柱顶端温度计的温度不超过 45 ℃，接收器要用冰水冷却。如蒸出的环戊二烯由于接收器中的潮气而呈浑浊，可加无水氯化钙干燥。蒸出的环戊二烯应尽快使用。

[2] 由于马来酸酐遇水会水解成二元酸，反应仪器和所用试剂必须干燥。

4.12　Wittig 反应

Wittig 反应是醛、酮与磷的内鎓盐的反应，是向分子中引入双键的一个重要方法。利用 Wittig 反应，可以制备一些其他方法难以合成的烯烃。反应条件温和，产率高，具有一定的立体专一性。Wittig 反应的一般过程为卤代烃与三苯基膦反应，再在强碱丁基锂的作用下，产生一个磷的内鎓盐（也称之为磷 ylide），通式为：

$$R_2CHX \xrightarrow{(C_6H_5)_3P} R_2\overset{+}{CHP}(C_6H_5)_3X^-$$

$$\xrightarrow{n-C_4H_9Li} R_2\overset{-}{C}-\overset{+}{P}(C_6H_5)_3$$

$$R''\!-\!\overset{\displaystyle O}{\overset{\|}{C}}\!-\!R' \longrightarrow R_2C\!=\!\overset{\displaystyle R'}{\underset{\displaystyle R''}{C}}$$

与之类似的改进反应为，磷酸亚酯与活泼的卤代烃（如苄氯）或 α -卤代羧酸酯反应，在碱性条件下，与醛酮作用，得到各种结构的烯烃。

实验四十四 1,2-二苯乙烯的合成

【目的与要求】

（1）复习巩固萃取、蒸馏基本操作；

（2）掌握低沸点化合物的蒸馏；

（3）了解 Wittig 反应。

【反应式】

$$(C_6H_5)_3P + ClCH_2C_6H_5 \xrightarrow{\triangle} (C_6H_5)_3\overset{+}{P}CH_2C_6H_5Cl^- \xrightarrow{NaOH}$$

$$(C_6H_5)_3P = CHC_6H_5 \xrightarrow{C_6H_5CH=O} C_6H_5CH = CHC_6H_5 + (C_6H_5)_3PO$$

【所需试剂】

苄氯 2.8 mL（3.0 g，0.024 mol）[1]；三苯基膦 6.2 g（0.024 mol）[2]；苯甲醛 1.5 mL（1.6 g，0.01 mol）；氯仿；乙醚；二氯甲烷；50% 氢氧化钠；95% 乙醇。

【操作步骤】

1. 氯化苄基三苯基膦的合成

在 50 mL 圆底烧瓶中，加入 3 g 苄氯、6.2 g 三苯基膦和 20 mL 氯仿，装上带有干燥管的回流冷凝管，在水浴上回流 2~3 h。反应完后改为蒸馏装置，蒸出氯仿。向烧瓶中加入 5 mL 二甲苯，充分振摇混合，真空抽滤。用少量二氯甲烷洗涤结晶，于 110 ℃ 烘箱中干燥 1 h，得 7 g 季膦盐。产品为无色晶体，熔点为 310~312 ℃，贮于干燥器中备用。

2. 1,2-二苯乙烯的合成

在 50 mL 圆底烧瓶中，加入 5.8 g 氯化苄基三苯基膦、1.6 g 苯甲醛[3]和 10 mL 二氯甲烷，装上回流冷凝管。在电磁搅拌器的充分搅拌下，自冷凝管顶滴入 7.5 mL 50% 氢氧化钠水溶液，约 15 min 滴完。加完后，继续搅拌 0.5 h。

将反应混合物转入分液漏斗，加入 10 mL 水和 10 mL 乙醚，振摇后分出有机层。水层用乙醚萃取 2 次（每次用 10 mL）。合并有机层和乙醚萃取液，用水洗涤 3 次（每次用 10 mL）后，用无水硫酸镁干燥，滤去干燥剂，在水浴上蒸去有机溶剂。残余物加入 95% 乙醇加热溶解（约需 10 mL），然后置于冰浴中冷却，析出反-1,2-二苯乙烯结晶。抽滤，干燥后称重。产量约 1 g，熔点为 123~124 ℃。进一步纯化可用甲醇-水重结晶。

纯反-1,2-二苯乙烯的熔点为 124 ℃。

本实验约需 8 h。

【注释】

[1] 苄氯蒸气对眼睛有强烈的刺激作用，转移时切勿滴在瓶外，如不慎沾在手上，应用

水冲洗后再用肥皂擦洗。

　　[2] 有机磷化物通常是有毒的，与皮肤接触后，应立即用肥皂擦洗。

　　[3] 作为替换，可用 2 g(0.015 mol)肉桂醛代替苯甲醛，得到 1,4-二苯基-1,3-丁二烯，产量约 1 g，熔点为 150～151 ℃。

4.13　Cannizzaro 反应

　　芳香醛及无 α-H 的脂肪醛（如甲醛、2,2-二甲基丙醛）与浓碱作用，可以发生自身氧化还原反应，一分子被氧化为酸，另一分子被还原为醇，此反应称为 Cannizzaro 反应，也称为醛的歧化反应。反应机理如下：

$$
Ar-\overset{\overset{\displaystyle O}{\|}}{C}-H + OH^- \rightleftharpoons Ar-\overset{\overset{\displaystyle \bar{O}}{|}}{\underset{OH}{C}}-H^+ + Ar-\overset{\overset{\displaystyle O}{\|}}{C}-H \longrightarrow Ar-\overset{\overset{\displaystyle O}{\|}}{\underset{O-H}{C}} + ArCH_2O^-
$$

$$
\longrightarrow Ar-\overset{\overset{\displaystyle O}{\|}}{C}-O^- + Ar-CH_2OH
$$

$$
\overset{H^+}{\longrightarrow} Ar-\overset{\overset{\displaystyle O}{\|}}{C}-OH
$$

其中，首先被氢氧负离子进攻的醛提供负氢离子，自身被氧化为羧酸；接受负氢离子的醛被还原为醇。

　　在 Cannizzaro 反应中，通常使用 50% 的浓碱，碱的物质的量比醛多一倍以上，否则反应不完全。当甲醛与其他醛发生交叉 Cannizzaro 反应时，由于甲醛比较活泼，首先被进攻发生亲核反应，所以甲醛总是被氧化为酸，另一种醛被还原为醇。

实验四十五　苯甲醇和苯甲酸的制备

【目的与要求】

（1）了解 Cannizzaro 反应的机理；

（2）熟练掌握液体有机物的洗涤和干燥等基本操作；

（3）掌握低沸点、易燃有机溶剂的蒸馏操作；

（4）掌握有机酸的分离方法。

【反应式】

$$
2 \ C_6H_5-\overset{\overset{\displaystyle O}{\|}}{C}-H \xrightarrow{\text{NaOH}} C_6H_5-\overset{\overset{\displaystyle O}{\|}}{C}-O^-Na^+ + C_6H_5-CH_2OH
$$

【所需试剂】

苯甲醛 12.7 mL（13.2 g，0.124 mol）；氢氧化钠 11.0 g（0.27 mol）；浓盐酸；乙醚；饱和亚硫酸氢钠溶液；10% 碳酸氢钠溶液；无水硫酸镁。

【操作步骤】

在 200 mL 锥形瓶中放入 11 g 氢氧化钠和 11 mL 水，振荡使其成为溶液。冷却至室温。在振荡下分批加入 13.2 g 新蒸馏过的苯甲醛，每次约加 3 mL；每加一次，都应塞紧橡胶瓶塞，用力振荡。若温度过高，可适时地把锥形瓶放入冷水浴中冷却。最后反应物变成白色蜡状物。塞紧橡胶瓶塞，放置过夜。

1. 苯甲醇的制备

反应物中加入 40 ~ 45 mL 水，微热，搅拌使之溶解。冷却后倒入分液漏斗中，用 30 mL 乙醚分 3 次萃取苯甲醇。保存萃取过的水溶液供步骤 2 使用。合并乙醚萃取液，用 5 mL 饱和亚硫酸氢钠溶液洗涤。然后依次用 10 mL 10% 碳酸氢钠溶液和 10 mL 冷水洗涤。分离出乙醚溶液，用无水硫酸镁或无水碳酸钾干燥。

将干燥的乙醚溶液倒入蒸馏烧瓶中，用热水浴加热，蒸出乙醚（倒入指定的回收瓶内）。然后改用空气冷凝器，在石棉网上加热，蒸馏苯甲醇，收集 198 ~ 204 ℃ 馏分，产量约为 4.5 g。

纯苯甲醇为无色液体，沸点为 205.4 ℃。

2. 苯甲酸的制备

在不断搅拌下，将步骤 1 中保存的水溶液以细流慢慢地倒入 40 mL 浓盐酸、40 mL 水和 25 g 碎冰的混合物中。减压过滤析出的苯甲酸，用少量的冷水洗涤，挤压去水分。取出产物，晾干。粗苯甲酸可用水进行重结晶。产量约为 7 g。

纯苯甲酸为白色针状晶体，熔点为 122.4 ℃。

【思考题】

（1）为什么要用新蒸馏的苯甲醛？长期放置的苯甲醛含有什么杂质？若不除去，对本实验有何影响？

（2）乙醚萃取液为什么要用饱和亚硫酸氢钠溶液洗涤？萃取过的水溶液是否也需要用饱和亚硫酸氢钠溶液处理？为什么？

实验四十六　呋喃甲醇和呋喃甲酸的制备

【目的与要求】

（1）了解掌握 Cannizzaro 反应；

（2）掌握分离提纯有机混合物的原理。

【反应式】

$$\text{CHO} \xrightarrow{\text{浓NaOH}} \text{COONa} + \text{CH}_2\text{OH}$$

$$\downarrow \text{HCl}$$

$$\text{COOH} + \text{NaCl}$$

【所需试剂】

呋喃甲醛 16.6 mL（19.2 g，0.2 mol）；氢氧化钠 7.2 g（0.18 mol）；甲基叔丁基醚；盐酸；无水硫酸镁。

【操作步骤】

在装有磁子的 100 mL 三口瓶中，加入 7.2 g NaOH 溶于 14.5 mL 水的溶液。在冰水浴中冷却，开动搅拌[1]，使溶液的温度下降到 5 ℃。然后从恒压滴液漏斗中滴入 19.2 g 新蒸馏的呋喃甲醛[2]，控制滴加速度，使反应温度保持在 8～15 ℃[3]（需 20～30 min）。加完后再搅拌 30 min，有黄色浆状物产生。

在搅拌下加入水，使浆状物完全溶解[4]，溶液呈暗褐色。用甲基叔丁基醚萃取四次，每次用 15 mL。合并醚萃取液，用无水硫酸镁干燥。水浴蒸出甲基叔丁基醚，然后蒸出呋喃甲醇，收集 169～172 ℃的馏分，产量为 7～7.5 g。

纯呋喃甲醇的沸点为 169.5 ℃，折射率 n_D^{25} 为 1.129。

用浓盐酸酸化甲基叔丁基醚萃取过的水溶液，调节 pH 到 1～2，冷却使呋喃甲酸完全析出，抽滤，用少量水洗涤。粗呋喃甲酸用水进行重结晶，白色针状晶体 7～8 g，熔点为 128～130 ℃。纯呋喃甲酸的熔点为 133 ℃。

【注释】

［1］反应在两相间进行，搅拌要充分。

［2］纯呋喃甲醛为无色或黄色溶液，长期放置颜色变深，使用前需要蒸馏，最好在减压下蒸馏。

［3］温度低于 8 ℃时，反应太慢；高于 15 ℃时，温度难以控制。

［4］加水使析出的呋喃甲酸钠溶解，但是水过多会损失产物。

【思考题】

（1）根据什么原理分离提纯呋喃甲酸和呋喃甲醇？

（2）反应过程中析出的黄色浆状物是什么？

4.14　Skraup 反应

芳胺与无水甘油、浓硫酸及弱氧化剂（硝基化合物或砷酸）一起加热反应，可以得到杂环化合物喹啉及其衍生物。此反应称为 Skraup 反应。反应中浓硫酸的作用是使甘油脱水成丙烯醛，并使芳胺与丙烯醛的加成产物脱水成环。硝基化合物则将 1,2-二氢喹啉氧化成喹啉，本身被还原成芳胺，可以继续参与缩合反应。反应中所用的硝基化合物要与芳胺的结构相对应，否则将导致产物混杂，不宜分离。

在 Skraup 反应进行时，可加入少量硫酸亚铁。硫酸亚铁在反应中起到缓和剂的作用，这样反应不会过于剧烈，同时又有较高的产率。

实验四十七　喹啉的合成

【目的与要求】

（1）了解 Skraup 反应；

（2）练习高沸点化合物的蒸馏。

【反应式】

$$\text{(aniline)} \quad + \quad \begin{array}{c} CH_2OH \\ CHOH \\ CH_2OH \end{array} \quad \xrightarrow[\ C_6H_5NO_2\ ]{\ H_2SO_4\ } \quad \text{(quinoline)}$$

【所需试剂】

苯胺 9.3 g（9.3 mL，0.1 mol）；无水甘油 30.5 mL（38.0 g，0.41 mol）[1]；硝基苯 6.7 mL（8.0 g，0.065 mol）；硫酸亚铁 4 g；浓硫酸 18 mL；亚硝酸钠 3 g；淀粉–碘化钾试纸；乙醚；氢氧化钠。

【操作步骤】

在 500 mL 圆底烧瓶中，加入 38 g 无水甘油，再依次加入 4 g 研成粉末的硫酸亚铁、9.3 mL 苯胺及 6.7 mL 硝基苯，充分混合后，在摇动下缓缓加入 18 mL 浓硫酸[2]。装上回流冷凝管，在石棉网上用小火加热。当溶液刚开始沸腾时，立即移去火源[3]（如反应太剧烈，可用湿布敷于烧瓶上冷却）。待反应缓和后，再用小火加热，保持反应回流约 2 h。

待反应物稍冷后，向烧瓶中慢慢加入 30% 的氢氧化钠溶液，使混合物呈强碱性[4]。然后进行水蒸气蒸馏，蒸出喹啉和未反应的苯胺及硝基苯，直至馏出液不显浑浊为止（约需收集 100 mL）。馏出液用浓硫酸酸化（约需 10 mL），呈强酸性后，用分液漏斗将不溶的黄色油状物分出。剩余的水溶液倒入 500 mL 烧杯中，置于冰浴中冷却至 5 ℃ 左右，慢慢加入 3 g 亚硝酸钠和 10 mL 水配成的溶液，直至取出一滴反应液使淀粉–碘化钾试纸立即变蓝为止（由于重氮化反应在接近完成时，反应速度变得很慢，故应在加入亚硝酸钠 2 ~ 3 min 后再检验是否有亚硝酸存在）。然后将混合物在沸水浴上加热 15 min，至无气体放出为止。冷却后，向溶液中加入 30% 氢氧化钠溶液，使成强碱性，再进行水蒸气蒸馏。从馏出液中分出油层，水层用乙醚萃取两次（每次用 25 mL）。合并油层及乙醚萃取液，用固体氢氧化钠干燥后，先在水浴上蒸去乙醚。再改用空气冷凝管在石棉网上加热蒸出喹啉[5]，收集 234 ~ 238 ℃ 馏分，产量为 8 ~ 10 g[6]。

纯喹啉为无色透明液体，沸点为 238.05 ℃，折射率 n_D^{20} 为 1.626 8。

本实验约需 8 h。

【注释】

[1] 所用甘油的含水量不应超过 0.5%（相对密度为 1.26）。如果甘油中含水量较高，

则喹啉的产量不好。可将普通甘油在通风橱内置于瓷蒸发皿中加热至 180 ℃，冷至100 ℃左右，放入盛有硫酸的干燥器中备用。

［2］试剂必须按所述次序加入，如果浓硫酸比硫酸亚铁早加入，则反应往往更剧烈，不易控制。

［3］这是放热反应，溶液呈微沸，表示反应已经开始。如继续加热，则反应过于激烈，会使溶液冲出容器。

［4］每次碱化或酸化时，都必须将溶液稍加冷却，用试纸检验至呈明显的强碱或强酸性。

［5］最好在减压下蒸馏，收集(110～114 ℃)/1.87 kPa (14 mmHg)、(118～120 ℃)/2.67 kPa(20 mmHg)、(130～132 ℃)/5.33 kPa (40 mmHg) 的馏分，可以得到无色透明的产品。

［6］产率以苯胺计算，不考虑硝基苯部分转化成苯胺而参与反应的量。

【思考题】

（1）本实验中，为了从喹啉中除去未作用的苯胺和硝基苯，采用了什么方法？试简述之，并用反应式表示加入亚硝酸钠后所发生的变化。

（2）在 Skraup 合成中，用对甲苯胺和邻甲苯胺代替苯胺作为原料，应得到什么产物？硝基化合物应如何选择？

4.15 相转移催化反应

在有机合成中，通常均相反应容易进行，若是非均相反应，由于反应物分别溶在有机相和水相中，反应物分子彼此接触的机会少，反应难以发生。即使能发生，产率也不高。自20 世纪 70 年代以后，出现了一些使水相中的反应物转入有机相的试剂，增大了离子反应的活性，加快了反应的速度，简化了处理手续。这种试剂称为相转移催化剂(phase transfer catalyst)，应用这种方法的反应称为相转移催化反应。相转移催化反应的原理是在两相界面使水溶性反应物被相转移催化剂携带，与油溶性物质接触，发生反应，生成的产物进入油相。常用的相转移催化剂有季铵盐、冠醚等。

卡宾是一种非常有用的中间体。但是卡宾的制备，要求反应条件苛刻，需要在无水叔丁醇中叔丁醇钾存在下与氯仿反应。反应需要较长时间且必须在无水条件下进行，应用受到限制。利用相转移催化剂，可用氢氧化钠水溶液代替叔丁醇钾，反应时间明显缩短，产率提高，卡宾的制备更容易进行，其应用也更广泛。

实验四十八　相转移催化合成 —— 7,7－二氯双环［4.1.0］庚烷

【目的与要求】

（1）了解相转移催化技术在有机合成中的应用；

（2）复习巩固液－液萃取技术；

（3）复习巩固减压蒸馏技术。

【反应式】

$$\text{环己烯} \xrightarrow[\text{TEBA}]{\text{NaOH, H}_2\text{O, CHCl}_3} \text{二氯双环化合物}$$

【所需试剂】

环己烯 2.0 mL（1.62 g，0.020 mol）；TEBA（三乙基苄基氯化铵）[1] 0.30 g；氯仿 20 mL；氢氧化钠 4.0 g。

【操作步骤】

在装有回流冷凝管、温度计和滴液漏斗的三口瓶中，加入 2.0 mL 环己烯、0.30 g TEBA 和 10.0 mL 氯仿，在电磁搅拌下，由滴液漏斗滴加 4.0 g 氢氧化钠于 4 mL 水中[2]，此时有放热现象。滴加完毕，在剧烈搅拌下[3]加热回流 40 min。反应液为黄色，并有固体析出。

待反应液冷却至室温，加入 10 mL 水使固体溶解。将混合液转移到分液漏斗中[4]，分出有机层，水层用 10 mL 氯仿提取一次，提取液与有机层合并，每次用 10 mL 水洗涤至中性（大约 3 次）。有机层用无水硫酸钠干燥，水浴蒸出氯仿后，进行减压蒸馏，收集（80~82 ℃）/2.13 kPa（16 mmHg）[5]的馏分。产品为无色透明液体，约 1.8 g。纯品的沸点为 198 ℃。

【注释】

[1] TEBA 即三乙基苄基氯化铵，其制法为：在 50 mL 锥形瓶中加入 2.5 mL 氯化苄、3 mL 三乙胺和 10 mL 1,2-二氯乙烷，装上回流冷凝管，回流 1.5 h。将反应液冷却，析出晶体，抽滤，用少量的 1,2-二氯乙烷洗涤 2 次，烘干后放入干燥器中保存（在空气中易潮解）。产品质量约为 5 g。

[2] 浓碱溶液呈黏稠状，腐蚀性极强，操作时应小心。盛碱的滴液漏斗要及时洗干净，防止碱性物质使活塞粘连而难以打开。

[3] 相转移催化反应是非均相反应，搅拌必须充分并且安全。这是实验成功的关键。

[4] 反应液在分层时，常有许多絮状物，可用布氏漏斗过滤分离。

[5] 其他压力下的沸点为：（95~97 ℃）/4.67 kPa（35 mmHg）、（102~104 ℃）/6.67 kPa（50 mmHg），也可以从经验表中查得（图 2-28）。

4.16 生物有机合成

生物有机合成主要是指利用酶或有机体将无手性、潜手性化合物转变为手性化合物的过程。生物催化剂可以快速催化立体专一性反应，反应条件温和，反应精确，极少或没有副产物。另外，生物合成无污染，毒性小，是一种环境友好的方法。

苯甲醛在氰化钾（钠）的作用下，于乙醇中加热回流，两分子之间即发生缩合反应，生成二苯乙醇酮，俗称安息香。这一反应称为安息香缩合反应。由于氰化物是剧毒品，使用不当会有危险。采用具有生物活性的辅酶维生素 B1 代替氰化物催化安息香缩合反应，条件温和、无毒、产率高。

维生素 B1 的结构式一般简写为 R—N$^+$...... 。其作用机理为：

（1）在碱作用下，负碳离子和邻位的正氮离子形成一个稳定的邻位两性离子。

（2）与苯甲醛反应，噻唑环上负碳离子与苯甲醛的羰基碳作用形成烯醇加合物。

（3）烯醇加合物再与苯甲醛作用，形成一个新的辅酶加合物。

（4）辅酶加合物离解成安息香，辅酶还原。

实验四十九　安息香的辅酶合成

【目的与要求】

（1）了解酶在化学反应中的应用；

（2）了解芳香醛的安息香缩合反应。

【反应式】

【所需试剂】

苯甲醛[1]5.0 mL（5.23 g，0.049 mol）；维生素 B$_1$（盐酸硫胺素）[2]0.9 g；95%乙醇；10%氢氧化钠溶液。

【操作步骤】

在50 mL的圆底烧瓶中，加入0.9 g维生素 B$_1$、3.0 mL蒸馏水，待固体溶解后，再加入8 mL 95%的乙醇。塞上瓶塞，在冰盐浴中冷却。同时取3 mL 10%氢氧化钠水溶液，也置于冰盐浴中冷却。然后在冰浴冷却下将氢氧化钠溶液在10 min内滴加至维生素 B$_1$溶液中，并不断搅拌，调节溶液的 pH 为9~10[3]，此时溶液成黄色。去掉冰浴后，迅速加入5.0 mL新蒸的苯甲醛，充分混匀后，装上回流冷凝管，加入沸石，在水浴上温热1.5 h，水浴温度保持在60~70 ℃，切勿将混合物加热至剧烈沸腾，此时反应混合物呈橘黄或橘红色均相溶液。将混合物冷至室温，析出浅黄色晶体。将烧瓶置于冰浴中冷却，使结晶完全（若产物呈油状物析出，应重新加热成均相，再慢慢冷却重新结晶），抽滤，用25 mL冰水分两次洗涤晶体。粗产物可以用95%乙醇重结晶。若产物为黄色，可加入少量活性炭脱色。

纯净产品为白色针状结晶，产品2~3 g，熔点为134 ~136 ℃。

【注释】

[1] 苯甲醛中不能含有苯甲酸，用前最好经5%碳酸氢钠溶液洗涤、蒸馏。

[2] 维生素 B$_1$在酸性条件下是稳定的，但易吸水，在水溶液中易被氧化失效，光照或有铜、铁、锰等金属离子存在时，均可加速氧化。在氢氧化钠溶液中，噻唑环易开环失效，因此，反应前必须将维生素 B$_1$溶液及氢氧化钠溶液用冰水充分冷却，否则维生素 B$_1$在碱性条件下会分解，这是试验成功的关键。

[3] pH 达到9~10后，继续搅拌一段时间，再检查 pH，若 pH 下降，则继续加碱，直到 pH 不变。

【思考题】

为什么加入苯甲醛后，反应的 pH 要保持9~10？溶液 pH 过大有什么不好？

4.17　天然化合物的提取

凡是从动物及植物资源衍生出来的物质，都称为天然产物。在形形色色的天然产物中，有的可以用作染料，有的可以用作香料。更让人感兴趣的是，有些天然化合物有着神奇的药效。对天然化合物的研究，主要包括分离和提纯、结构鉴定、结构与性质的关系及如何人工合成等方面。首先要解决的是提取及纯化化合物的方法，常用的提取天然化合物的方法有溶剂萃取、水蒸气蒸馏、重结晶、层析等。

溶剂萃取主要依据"相似相溶"原理，采取适当的溶剂进行提取。通常，油脂、挥发性油等弱极性成分可用石油醚或四氯化碳提取；生物碱、氨基酸等极性较强的成分可用乙醇提取。一般情况下，用乙醇、甲醇或丙酮就能将大部分天然产物提取出来。对于多糖和蛋白质等成分，则可用稀酸水溶液浸泡提取。

水蒸气蒸馏主要用于那些不溶于水且具有一定挥发性的天然化合物的提取，如萜类、酚类及挥发性油类化合物。

用这些方法所得提取液为多组分混合物，还需结合其他方法加以分离、纯化。

所得分离纯化后的天然化合物可以用红外光谱、紫外光谱、核磁共振、质谱等进行分子结构的鉴定。

实验五十　茶叶中提取咖啡因

【目的与要求】

（1）了解天然产物的提取方法；

（2）了解索氏提取器的用途；

（3）了解升华的基本操作。

【基本原理】

参看 2.4.6 节萃取和洗涤中固体的提取。

【所需试剂】

茶叶 8 g，乙醇 80 mL，生石灰 4 g。

【操作步骤】

取 8 g 茶叶放入索氏提取器的纸筒中，在纸筒中加入 30 mL 乙醇，在圆底烧瓶中加入 50 mL 乙醇，水浴加热，回流提取，直到提取液的颜色较浅时为止，大约用 2.5 h[1]。待冷凝液刚刚虹吸下去时停止加热。然后把提取液转移到 100 mL 蒸馏瓶中进行蒸馏，待蒸出 60～70 mL 乙醇（瓶内剩余约 5 mL）时停止蒸馏，把残余液趁热倒入盛有 3～4 g 生石灰的蒸发皿中（可用少量蒸出的乙醇洗蒸馏瓶，洗涤液一并倒入蒸发皿中）。

将蒸发皿内的混合物搅拌成糊状，然后放在热浴上蒸干成粉状（不断搅拌，压碎块状物，注意不要着火）。擦去蒸发皿前沿上的粉末（防止升华时污染产品），蒸发皿上盖一张刺有许多小孔的滤纸（孔刺向下），再在滤纸上罩一玻璃漏斗，用小火加热升华[2]，控制温度至 220 ℃左右。如果温度太高，会使产物冒烟炭化。当滤纸上出现白色针状结晶时，小心取出滤纸，将附在上面的咖啡因刮下。如果残渣仍为绿色，可再次进行升华，直到变棕色为止。合并几次升华的咖啡因，可测其熔点并以红外光谱进行表征。

【注释】

[1]回流提取时，应控制好加热的速度。

[2]升华操作为此实验中最为关键的一步，注意控制温度，温度高，产物炭化；温度

低，产品不能升华。

【思考题】

升华前加入生石灰起什么作用？

实验五十一　菠菜叶色素的柱色谱分离

【目的与要求】

了解柱色谱分离技术。

【基本原理】

参看 2.5.2 节柱色谱分离技术。

【所需试剂】

新鲜菠菜；乙醇；石油醚；丙酮。

【操作步骤】

1. 样品的制备

称取 5.0 g 洗净后的新鲜的菠菜叶，用剪刀剪碎并与 10 mL 乙醇拌匀，在研钵中研磨约 5 min[1]，然后用布氏漏斗抽滤菠菜汁，弃去滤液。

将菠菜渣放回研钵，每次用 10 mL 3∶2（体积比）的石油醚–乙醇混合液萃取两次，每次需加以研磨并且抽滤。合并深绿色萃取液，转入分液漏斗，每次用 5 mL 水洗涤两次，以除去萃取液中的乙醇。洗涤时要轻轻旋荡，以防发生乳化。弃去水–乙醇层，石油醚层用无水硫酸钠干燥后滤入圆底烧瓶，在水浴上蒸去大部分石油醚至体积约为 1 mL 为止。

2. 装柱

选择一根合适的层析柱，在柱的下端放入少许脱脂棉或玻璃棉[2]和一张内径略小的圆形滤纸，将柱垂直固定于铁架台上，关上活塞，向柱中加入约柱高 3/4 的石油醚。

取一定量的中性氧化铝，通过一干燥的粗径玻璃漏斗连续而缓慢地将氧化铝加入柱中，在加入氧化铝的同时，必须打开层析柱的活塞，使石油醚的流出速度为 1 滴/s，以锥形瓶收集石油醚，并同时用木棒或带橡皮管的玻璃棒轻轻敲打柱身，氧化铝的装入量约为柱的 3/4。装毕，将石油醚从活塞处慢慢放出，至石油醚液面与氧化铝柱上端相切后关闭活塞。

3. 加样

沿柱壁加入已处理好的样品，打开活塞，使样品浸入氧化铝柱后关闭活塞，在柱的上端加入少许脱脂棉。

4. 洗脱

在一个分液漏斗或滴液漏斗中装 10 ~ 15 mL 1∶9 的丙酮–石油醚洗脱液，并将其装到柱的上端。打开漏斗的活塞，让洗脱液缓慢滴入柱中[3]。当黄色谱带移动到柱的中间时，改用 1∶1 的丙酮–石油醚洗脱液，这样有助于混合液中极性较大的组分移动。观察不同色带的出现，用锥形瓶收集不同色带的洗脱液[4]。

【注释】

［1］捣烂时间不宜过长，5 min 左右。

［2］脱脂棉或玻璃棉不宜加入过多，尽可能少而疏松，以免影响洗脱液的流速。有的

层析柱下端有玻璃砂，不用加脱脂棉。

〔3〕洗脱液的加入速度应始终保持不让固定相露出液面，否则将出现断层或气泡，影响分离效果。

〔4〕黄色色带容易消失，需及时观察。

菠菜中的部分色素为：

α-胡萝卜素	黄绿色
叶绿素 a	绿色
3 种黄质	黄色
β-胡萝卜素	黄绿色
叶绿素 b	黄绿色

【思考题】

为什么极性大的组分要用极性大的溶剂洗脱？

4.18　微波辐射合成

微波是一个十分特殊的电磁波段，它的频率在 300 MHz ~ 300 GHz，即波长在 100 cm ~ 1 mm 范围内，位于电磁波的红外辐射和无线电波之间。在一般条件下，微波可方便地穿透某些材料，如玻璃、陶瓷和某些塑料。微波也可被一些介质材料，如水、炭、橡胶、食品、木材和湿纸等吸收，物质分子吸收电磁能，以每秒数亿次的高速摆动而产生热能。因此，微波可作为一种能源在家用、医学、农业、工业、科研等许多领域获得广泛应用。

微波在通信、军事等领域中的应用已经有较长的历史，也产生了重大的作用。但将其应用于化学行为则是近几十年的事。从 1986 年 R. J. Giguere 对蒽与马来酸二甲酯的 Diels-Alder 环加成反应，以及 R. Gedye 对苯甲酸和醇的酯化反应的微波合成研究开始，至今已在涉及有机合成的许多主要领域的研究中取得了明显成效，如 Perkin 反应、Knoevenage 反应、Witting 反应、Reformatsky 反应以及羟醛缩合、消除、加成、水解、酯交换、酰胺化、烷基化、聚合、脱羧等反应。微波技术可以极大地提高化学反应的速率，最大可以提高 1 240 倍。虽然关于微波对化学反应的作用原理还存在分歧，但是微波对于一些反应的加速作用是明显的。

微波有机合成技术主要有四种，即微波密闭合成反应技术、微波常压合成反应技术、微波干法合成反应技术和微波连续合成反应技术。在微波常压合成反应技术中，主要的反应及装置如图 4 - 20 所示。

咪唑类杂环化合物是一类重要的有机中间体，通过咪唑类的还原水解及甲基碘盐与 Grignard 试剂

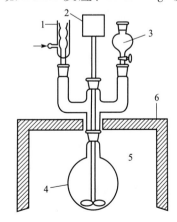

图 4 - 20　微波常压反应装置

1—冷凝器；2—搅拌器；3—滴液漏斗；
4—反应瓶；5—微波炉腔；6—微波炉壁

的加成反应得到醛、酮、大环酮及乙二胺衍生物等，为这类化合物的合成提供了新的合成方法。通常苯并咪唑类化合物是以邻苯二胺和羟酸为原料，加热回流得到的。将微波技术用于邻苯二胺和乙酸的缩合反应，提供了2-甲基苯并咪唑的快速合成法，反应速率比传统反应速率提高4~10倍，产率也有较大的提高。

实验五十二　2-甲基苯并咪唑

【目的与要求】

（1）了解微波辐射合成方法；

（2）熟练掌握微波加热技术的原理和实验操作方法。

【反应式】

【仪器与试剂】

仪器：微波炉（1 000 W），25 mL圆底烧瓶，微型空气冷凝管。

试剂：邻苯二胺1.0 g（0.009 mol），乙酸1.0 mL（0.017 mol），氢氧化钠。

【实验步骤】

在25 mL圆底烧瓶中放入1.0 g邻苯二胺和1.0 mL乙酸，搅拌混合均匀后，置于微波炉中心（下面垫一个倒置的200 mL烧杯或培养皿），烧瓶上口接一个空气冷凝管，从微波炉上壁的孔通到微波炉炉外[1]，其上口再接一支球形冷凝管。使用低火挡（162 W）[2]微波辐射8 min。反应完毕得淡黄色黏稠液，冷至室温，用10%氢氧化钠溶液调节至碱性[3]。有大量沉淀析出，用冰水冷却，使析出完全。抽滤，冷水洗涤，用水重结晶，干燥得无色晶体1.0 g，产率为85%，熔点为176~177 ℃。

本实验约需40 min。

【注释】

[1] 可以将家用微波炉在上方打孔加以改造。

[2] 辐射功率不宜过高，一般以162 W为宜，反应时间为6~8 min较佳。

[3] 反应液的碱性一般调至pH为8~9，碱性不宜过强。

【思考题】

（1）为什么合成2-甲基苯并咪唑的温度不能过高？

（2）咪唑杂环化合物是重要的有机化合物反应的中间体，它能合成哪些有机化合物？

（3）微波辐射合成有机化合物的优点是什么？

【产物图谱】

2-甲基苯并咪唑的红外光谱图如图4-21所示，2-甲基苯并咪唑的¹H NMR谱图如图4-22所示。

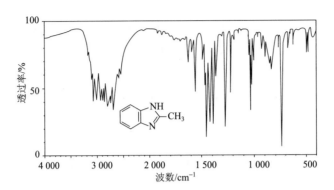

图 4 - 21 2-甲基苯并咪唑的红外光谱图

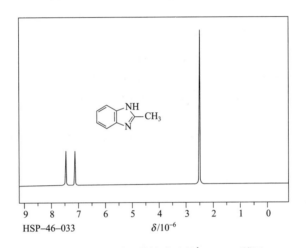

HSP-46-033 $\delta/10^{-6}$

图 4 - 22 2-甲基苯并咪唑的^{1}H NMR 谱图

4.19 有机电解合成

有机电解合成是利用电解反应来合成有机化合物。应用有机电解合成技术进行的有机合成反应，条件温和，易于控制，而且在反应中所消耗的试剂主要是干净的"电子试剂"，在提倡绿色化学、保护环境的今天，有机电解合成越来越受到重视。

实验五十三 碘仿的合成

【目的与要求】

（1）了解电解合成；

（2）复习巩固重结晶等操作。

【反应式】

阴极
$$2H^+ + 2e \longrightarrow H_2$$

阳极
$$2I^- - 2e \longrightarrow I_2$$

$$I_2 + 2OH^- \Longrightarrow IO^- + I^- + H_2O$$

$$CH_3\overset{\overset{\displaystyle O}{\|}}{C}CH_3 + 3IO^- \longrightarrow CH_3COO^- + CHI_3 + 2OH^-$$

副反应 $\qquad\qquad\qquad\qquad 3IO^- \longrightarrow IO_3^- + 2I^-$

【所需试剂】

碘化钾 5.3 g（0.02 mol）；丙酮 0.8 g（1 mL，0.014 mol）；蒸馏水 100 mL；乙醇 5 ~ 10 mL。

【操作步骤】

用 150 mL 烧杯作电解槽，以两根石墨棒作电极，垂直地固定在安放于烧杯口上端的有机玻璃上。电极间的距离为 3 mm 左右（注意：若两极靠得太近，容易发生短路现象）[1]。电极下端距烧杯底 1 ~ 1.5 cm，以便磁力搅拌器搅拌。电极上端经过可变电阻、电流换向器及安培计与直流电源（电流 $I \geqslant 1$ A，可调电压 0 ~ 12 V）相连接。向电解槽中加入 100 mL 蒸馏水、5.3 g 碘化钾，经充分搅拌后使固体溶解，然后加入 1 mL 丙酮。打开磁力搅拌器，接通电解电源，将电流调至 1 A，在电解过程中，电极表面会逐渐蒙上一层不溶性产物，使电解电流降低，这时可以通过换向器改变电流方向，使电流保持恒定[2]。电解液 pH 逐渐增大至 8 ~ 10。反应过程中，电解液温度维持在 20 ~ 30 ℃。电解 1 h，切断电源，停止反应。

过滤电解液，收集碘仿晶体。黏附在烧杯壁上和电极上的碘仿可用水洗入漏斗滤干，再用水洗一次，即得粗产物。

粗产物可用乙醇作溶剂进行重结晶。产品干燥后，称量、测熔点并计算产率。纯碘仿为亮黄色晶体，熔点为 119 ℃。

【注释】

[1] 为了减少电流通过介质的损失，两电极应当尽可能地靠近。

[2] 如果没有配置换向器，可以暂时切断电源，用清水洗净电极表面后再接通电源继续电解。

【思考题】

本电解实验过程中，为什么电解液的 pH 逐渐增大？

4.20 　研究型实验

研究型实验包括反应过程的追踪、分离提纯、结构表征、性能测定等，根据结果分析反应的机理、反应的选择性以及分子结构与性质的关系，有助于学生对有机化合物的性质、有机反应的机理有更深入的理解。

实验五十四　4‒苯基苯甲酸的合成

有机合成的核心问题是通过化学反应实现碳碳成键，构建不同的碳链。用亲核试剂与亲电试剂作用，可以实现碳碳键的生成，但是这些反应存在反应条件剧烈、底物官能团容忍性差、底物应用范围有局限性等缺点。钯催化的交叉偶联反应可以实现相对不活泼的亲电试剂和亲核试剂的反应，形成碳碳键或碳杂键。通过催化剂钯的使用形成碳钯键，使原本惰性的碳原子活化，更容易发生反应并且反应条件更加温和，底物官能团容忍性也大大提高。

"Heck 反应（Heck reaction）""Negishi 偶联反应（Negishi coupling）"和"Suzuki 偶联反应（Suzuki coupling）"是大家熟知的几个基于钯金属催化形成碳碳键的反应，分别用研究相关反应的科学家的姓氏命名。其中，Heck 反应是通过钯金属催化芳基或烯基卤化物与烯烃偶联，Negishi 偶联反应是芳基或烯基卤化物与有机锌试剂的偶联反应，而 Suzuki 偶联反应则是用芳基或烯基卤化物与有机硼试剂进行偶联。因为这三个科学家在有机合成中的突出贡献，2010 年他们获得了诺贝尔化学奖。另外，还有其他一些比较重要的通过钯催化实现碳碳成键的反应，比如 Sonogashira 偶联反应、Stille 偶联反应等。

钯催化剂可以是 Pd(0) 的络合物，也可以是 Pd(OAc)$_2$ 与一些配体的络合物。Suzuki 偶联反应，有些需要在无水无氧条件下进行。本次实验采用与 Suzuki 偶联反应类似的 Suzuki - Miyaura 偶联反应，选择一种特殊的配体，反应可以使用水为溶剂在空气中进行，不需要惰性气体的保护，也不需要很多的有机溶剂。

【目的与要求】

（1）了解 Suzuki - Miyaura Cross - Coupling 反应；

（2）复习重结晶、抽滤等基本操作。

【反应式】（此部分用英文）

$$HO_2C—\text{〇}—Br \; + \; \underset{HO}{\overset{HO}{B}}—\text{〇} \xrightarrow[\text{H}_2\text{O, Na}_2\text{CO}_3]{[Pd]} HO_2C—\text{〇}—\text{〇}$$

The catalyst used in this lab: $[Pd] = \left[\begin{array}{c} \text{NaO} \\ \text{〇} \\ \text{NaO} \end{array} \text{〇}—NH_2\right]_2 \cdot Pd(OAc)_2$

Catalyst preparation

$$\underset{HO}{\overset{HO}{}}—\text{〇}—NH_2 \; + Pd(OAc)_2 \xrightarrow[\text{H}_2\text{O}]{\text{NaOH}} \left[\underset{NaO}{\overset{NaO}{}}—\text{〇}—NH_2\right]_2 \cdot Pd(OAc)_2 = [Pd]$$

【所需试剂】（此部分用英文）

4-bromobenzoic acid （0.50 g, 2.5 mmol）; phenylboronic acid （0.37, 3.0 mmol）; sodium carbonate （0.80 g, 7.5 mmol）; 1 mol/L HCl; palladium acetate （5.6 mg, 0.025 mmol）; 2-Amino-4,6-dihydroxypyrimidine （6.3 mg, 0.050 mmol）; sodium hydroxide （4.0 mg, 0.10 mmol）.

$$\text{Catalyst} \; [Pd] = \left[\underset{NaO}{\overset{NaO}{}}—\text{〇}—NH_2\right]_2 \cdot Pd(OAc)_2 \; (\text{self-prepared})$$

【操作步骤】（此部分用英文）

Catalyst preparation[1]:

Add the palladium acetate （5.6 mg, 0.025 mmol） and 2-Amino-4,6-dihydroxypyrimidine （6.3 mg, 0.050 mmol） to a 50 mL beaker. In a separate beaker, add sodium hydroxide （4.0 mg, 0.10 mmol） to 10 mL of deionized water and stir until dissolved. Transfer the solution of sodium hydroxide into the first beaker containing the palladium acetate and the ligand. Heat the stirred mixture in a 60 ℃ water bath for 20 minutes or until all materials are dissolved. The solution should appear yellow-orange and have no solid material. Finally, transfer the catalyst solution by pipette into a 100 mL volumetric flask and fill to line with deionized water. This concentration of palladium in this catalyst solution is 0.25 mol/L and should appear pale yellow.

4-Phenylbenzoic acid preparation:

Add 0.50 g of 4-bromobenzoic acid （2.5 mmol） and 0.37 g of phenylboronic acid （3.0 mmol） to

4－苯基苯甲酸的合成

a 100 mL three-neck round bottom flask containing a stirring bar with a reflux condenser and a thermometer（ensuring the thermometer does not break）. In a separate 50 mL beaker，add 0. 80 g of sodium carbonate（7. 5 mmol）and 15 mL of deionized water and stir until dissolved. Add the solution of sodium carbonate to the reaction flask containing the arylbromide and arylboronic acid and stir the resulting mixture vigorously until all the reactants are dissolved. The process of dissolution will take about 10 minutes. Meanwhile，measure 1. 0 mL of the palladium catalyst solution using a measuring cylinder[2]. Once the reactants are dissolved，begin heating the solution（the final reaction temperature will be 70 ℃）and add the palladium catalyst solution to the flask. Record any changes in the appearance of the reaction mixture throughout the procedure. The product of the reaction should precipitate as a white solid. The target temperature for this reaction is 70 ℃. Allow the reaction to run for at least 30 minutes at 70 ℃. After this time，turn off the heat and let the reaction cool to room temperature. Once the flask is at room temperature，place it in an ice bath. Position the flask and ice bath so that the mixture is still stirred efficiently. While the mixture is stirring，slowly pipette in 25 mL of 1 mol/L HCl directly into the flask[3]. （Caution! The HCl must be added dropwise! The HCl reacts with the excess carbonate to generate carbon dioxide. If the HCl is added too quickly，the solution may foam over the reaction vessel. ）The HCl solution quenches the excess carbonate and also converts the sodium carboxylate product to a carboxylic acid. Stir for 5 minutes once all of the HCl is added. Isolate the crude product by vacuum filtration and use about 5 mL of water to rinse the product out of the flask. Let the product dry on the filter for at least 2 minutes. Next，transfer the partially dried product to a 100 mL round bottom flask and purify your product by recrystallization. First add 4 mL of 1 mol/L HCl and heat the stirred solution to about 70 ℃. Slowly add enough ethanol to the solution so that all material dissolves （approximately 30 mL EtOH）. Let the solution cool to room temperature and then place the beaker into an ice bath for 15 minutes to complete the recrystallization. Isolate the crystalline product by vacuum filtration. A few milliliters of cold ethanol can be used to wash product out of the beaker if necessary. Leave the crystals to dry on the filter for at least 5 minutes. Finally，collect and dry the product. Weigh the recrystallized product and calculate the isolated yield. Measure the melting point.

【注 释】

［1］此反应催化剂用量很少，每个同学都合成催化剂会造成浪费。实验室可以在实验前统一制备，供学生使用。

［2］催化剂用量少，选用微量注射器加入。

［3］滴加盐酸时，不能太快。根据反应瓶内的变化调节滴加速度。

【思考题】

（1）查阅文献，写出 Suzuki 偶联反应与 Suzuki – Miyaura 偶联反应的反应机理；讨论比较配体、反应条件有什么不同。

（2）催化剂中的 Pd 是 + 2 价的，而参与催化过程的 Pd 是 0 价态，写出可能的转换过程。

（3）反应中加入碳酸钠的目的是什么？

实验五十五　（S）–4–苯基–N–（1–苯基乙基）苯甲酰胺的制备

　　酰胺键形成反应是一类重要的有机转化反应，不仅可用于酰胺类化合物的合成，还是多肽和蛋白质等生物有机分子合成过程中的核心反应。酰胺键的构筑方法很多，传统的方法是酰卤、酸酐等活泼的羧酸衍生物与有机胺直接反应法。然而，这些方法存在合成步骤多、操作较烦琐、官能团耐受性差等缺点，尤其在手性酰胺化合物的合成中，存在手性中心发生消旋的风险。针对以上问题，现代有机合成化学采用羧酸和有机胺为反应原料，在缩合剂的作用下，实现在温和条件下构筑酰胺键。常用的缩合剂包括 N,N′–二环己基碳酰亚胺（简称DCC）、1–乙基–（3–二甲基氨基丙基）碳二亚胺盐酸盐（简称EDCI）。其可能反应机理是：首先，羧酸在碱的作用下脱去质子，生成羧酸根离子；然后，羧酸根离子对缩合剂进行亲核加成，得到活性酯（A）；最后，有机胺对活性酯进行亲核取代反应，得到最终产物酰胺化合物和副产物脲。当以 DCC 为缩合剂时，所得到的副产物环己基脲在产物纯化过程中难以除去，因此，人们常常用 ECDI 替代 DCC，反应最终生成的脲在酸性条件下可溶于水，可以通过水洗的方式除去。为了进一步提高反应速率，可以在反应中加入 N,N–二甲氨基吡啶（DMAP），其对活性酯的亲核取代反应得到活性更高的中间体（B）。另外，在多肽合成过程中，由于羧基的 α–位手性中心在活性酯阶段具有消旋的风险，反应除了需要偶联剂外，常常需要添加辅助试剂，该试剂与活性酯的亲核取代反应得到消旋风险较低的活性酯（C）。常用的辅助试剂包括 1–羟基苯并三唑（HOBt）、N–羟基–7–氮杂苯并三氮唑（HOAt）等。除此之外，缩合剂与辅助试剂的加成产物，比如 2–（7–氮杂苯并三氮唑）–N,N,N′,N′–四甲基脲六氟磷酸酯（HATU）和苯并三氮唑–N,N,N,N–四甲基脲六氟磷酸酯（HBTU），也常用于多肽合成反应。

【目的与要求】

（1）了解 EDCI 脱水酰胺化反应，了解手性酰胺的制备；

（2）学习用薄层色谱并监控反应过程；

（3）复习萃取、旋蒸等操作技术；

（4）了解质谱的原理及用途；

（5）学习测定旋光性物质的旋光度。

【反应式】

（结构式：4-苯基苯甲酸 + 1-苯基乙胺 —EDCI, DMAP / DIPEA, DMF, rt→ 产物酰胺）

【所需试剂】[1]

序号	中文名称	用量	用途
1	4 - 苯基苯甲酸	实验五十三所得产物 1 当量	反应原料
2	（S）- 1 - 苯基乙胺	1.1 当量	反应原料
3	1 - （3 - 二甲氨基丙基）- 3 - 乙基碳二亚胺盐酸盐（EDCI）	1.1 当量	缩合剂
4	N,N - 二异丙基乙胺（DIPEA）	1.1 当量	碱
5	N,N - 二甲基氨基吡啶（DMAP）	1 当量	碱
6	N,N - 二甲基甲酰胺（DMF）	5 mL（每 1 mmol 羧酸）	反应溶剂
7	浓盐酸	适量	配置 10% HCl 溶液（洗液）
8	碳酸钠	适量	配置饱和碳酸钠溶液（洗液）
9	氯化钠	适量	配置饱和氯化钠溶液（洗液）
10	乙酸乙酯	适量	有机溶剂，重结晶
11	四氢呋喃（色谱纯）	适量	测旋光度

【操作步骤】

在 50 mL 干燥的圆底烧瓶中加入 4 - 苯基苯甲酸（1 当量）、EDCI（1.1 当量）、DMAP（1 当量）和干燥的 DMF（每 1 mmol 羧酸，用 5 mL DMF）。搅拌 5 min 后加入 DIPEA（1.1 当量），继续搅拌 5 min，加入（S）- 1 - 苯乙胺（1.1 当量）后，继续在室温下搅拌。TLC 监测反应[2]，当反应原料（4 - 苯基苯甲酸）完全消失时，往反应瓶加入 20 mL 水并继续搅拌。将反应液转移入分液漏斗中，用乙酸乙酯萃取 3 次，每次 10 mL（3×10 mL）。合并有机相，用饱和氯化钠溶液洗涤有机相 3 次（3×20 mL），用硫酸镁干燥。除去干燥剂，旋转蒸发仪蒸干溶剂，得到产物，称重[3]，计算产率。取少量产品，溶于 THF，测定旋光，计算比旋光度。另取少量产品，做 ESI - MS 分析。

【注释】

［1］试剂用量根据实验五十三最终产物的量，按照当量比计算。

［2］TLC 监测方法：用滴管从反应体系取样到小的样品管中，加少量稀盐酸和乙酸乙酯，取上层液点板，与原料对比，检查是否还有剩余羧酸。

［3］旋蒸用蒸馏瓶要干净、干燥，事先称重，便于产品称重。

【思考题】

（1）写出本反应可能的反应机理。

（2）根据薄层色谱监测、质谱结果，讨论反应的完成情况。是否反应完全？是否有副产物？副产物产生的可能原因是什么？

（3）反应中，手性碳原子的绝对构型是否改变？酰胺的旋光方向与原料是不是一定相同？为什么？

实验五十六　环戊烷甲酸甲酯的合成

有机反应中的重排是指分子内碳碳键断裂，再形成一个新的键，导致碳链结构发生变化。能量较高的碳正离子或碳负离子中间体容易使碳碳键断裂，形成新键，形成一个更稳定的分子。反应过程中是否发生了重排，以及可能经过了怎样的历程，可以从多方面验证。从产物的结构来分析反应的历程是一种重要的不可缺少的方法。

【目的与要求】

（1）复习回流、萃取、蒸馏等基本操作；

（2）解析核磁及红外光谱；

（3）掌握 Favorskii 重排的机理。

【反应式】（此部分用英文）

$$\text{2-chlorocyclohexanone} \xrightarrow[\text{diethyl ether}]{\text{NaOCH}_3} \text{methyl cyclopentanecarboxylate}$$

【所需试剂】（此部分用英文）

2-chlorocyclohexanone（2.0 g, 15 mmol）, sodium methoxide（0.9 g, 17 mmol）, anhydrous diethyl ether, 5% aq. HCl, 5% aq. NaHCO$_3$, magnesium sulfate

【操作步骤】（此部分用英文）

A 25 mL round bottom flask is equipped with a stir bar and reflux condenser connected to a drying tube. To this is added a suspension of sodium methoxide（0.9 g, 17 mmol）in anhydrous diethyl ether（10 mL）. To the resulting reaction mixture, a solution of 2-chlorocyclohexanone（2.0 g, 15 mmol）in anhydrous diethyl ether（1 mL）is added slowly, with stirring. The mixture is heated at reflux and allowed to stir 2 h. Throughout the reflux period, additional anhydrous ethyl ether（4 × 5 mL）is added periodically through the reflux condenser to maintain a constant volume of diethyl ether in the reaction flask [1]. Once the solution is cooled to room temperature, water (10 mL) is added. The mixture is poured into a separatory funnel and the organic layer separated from the aqueous layer. The aqueous layer is extracted with ether (2 × 10 mL). The organic layers are combined and washed with 5% aq. HCl (1 × 10 mL), brine (1 × 10 mL), 5% aq. NaHCO₃ (1 × 10 mL), and brine (1 × 10 mL)[2]. The organic layer is dried over magnesium sulfate. Removing magnesium sulfate, the organic layer is evaporated via steam bath to give the product as an oil[3]. Product yield is determined, and the ¹H NMR and IR spectra are obtained.

【注释】

[1] 从回流管上口滴加乙醚时，注意滴加速度，避免液体喷出。

[2] 每次分液，确定产品是在哪一层。

[3] 去除干燥剂硫酸镁、蒸馏除去溶剂乙醚的仪器要干燥、干净。

【思考题】

（1）按要求完成下列问题。

①预测下列产物，并写出机理。

②写出下列反应的机理。

③写出下列反应所需试剂及反应的机理。

（2）写出本反应的反应机理。

（3）结合产物的核磁氢谱和红外光谱，说明反应经过重排后，碳环发生了变化。

实验五十七　异丁酸香兰素酯的还原

在醛、酮、羧酸及羧酸衍生物中都存在羰基，由于所连接的基团不同，各种羰基既有相同的性质，也表现出一些差别。因此，不同的反应试剂也会在不同的位置表现出选择性。异丁酸香豆素酯有醛羰基和酯羰基，当用温和的还原剂硼氢化钠还原时，是两个羰基都反应还是选择性地还原一种羰基，可以根据产物的光谱数据做出判断。

【目的与要求】

（1）复习分液、过滤等基本操作；

（2）复习旋转蒸发的应用；

（3）学习用薄层色谱（TLC）监测反应进程；

（4）学习用光谱数据分析产物结构。

【反应式】

$$\text{（略：结构式反应）} \xrightarrow[\text{2) NH}_4\text{Cl, H}_2\text{O}]{\text{1) NaBH}_4, \text{ CH}_3\text{OH}} \text{?}$$

【所需试剂】（此部分用英文）

Vanillin isobutyrate (0.250 g, 1.12 mmol), sodium borohydride (0.050 g, 1.32 mmol), methanol, saturated, aqueous ammonium chloride, diethyl ether, sodium sulfate, hexane, ethyl acetate

【操作步骤】（此部分用英文）

A 25 mL round-bottom flask is charged with vanillin isobutyrate (0.250 g, 1.12 mmol), methanol (5.00 mL), and a stir bar. The stirred solution is cooled in an ice-water bath, and sodium borohydride (0.050 g, 1.32 mmol) is added in three portions over a period of 5 min. After 20 min, check the reaction progress by TLC[1]. In the event that vanillin isobutyrate was still present in the reaction mixture, the reaction progress was checked by TLC at 10 min intervals.

When all of the vanillin isobutyrate had been consumed, the reaction, still at 0 ℃, is quenched with saturated, aqueous ammonium chloride (5 mL). After the fizzing subsided, the mixture is added to water (30 mL) and extracted with diethyl ether (3 × 10 mL). The combined ether extracts are washed with brine (1 × 10 mL) and dried over sodium sulfate in a sealed container.

The solution is gravity filtered into an appropriately sized, preweighed round-bottom flask. The diethyl ether solvent is removed by rotary evaporation, and the last traces of solvent are removed under high vacuum. The mass of the product is determined. The ^{1}H NMR and IR spectra (product and vanillin isobutyrate) are obtained.

【注释】（此部分用英文）

[1] Place about 1 mL of the NH$_4$Cl (sat, aq) solution in a small test tube. Remove a small aliquot (a couple of drops) of your reaction mixture with a pipet and add it to the test tube. Finally add about 1 mL of diethyl ether to the test tube and use your pipet to mix the two layers. Using a capillary, spot some of the upper organic layer on a TLC plate. Spot a dilute diethyl ether solution of the starting material, vanillin isobutyrate, on the TLC plate, as well. Develop your plate with 70 : 30

hexane/ethyl acetate and then view the plate under UV light.

【思考题】

（1）还原剂 $NaBH_4$ 可以产生 H^-，进攻亲电的原子。在原料异丁酸香兰酯中，哪些原子具有亲电性质？H^- 最可能进攻哪个亲电中心？

（2）分析对比原料及产物的 ^1H NMR 和 IR 谱数据，说明主要在哪个位置发生了反应。

（3）用饱和 NH_4Cl 水溶液淬灭反应，发生了什么反应？产生的气体是什么？

实验五十八　四苯基卟啉金属化合物的合成及光谱性质

卟啉（porphyrins）是一类由 4 个吡咯类亚基的 α-碳原子通过次甲基桥（=CH—）互连而形成的大分子杂环化合物。当两个氮原子上的质子电离后，形成的空腔可以容纳 Fe、Co、Mg、Cu、Zn 等金属离子而形成金属配合物。血红素、维生素 B12、叶绿素 a 等具有重要生理功能的天然化合物都是卟啉金属配合物，因此，卟啉类金属配合物应用于生物模拟反应的催化剂、分子识别等研究领域。卟啉类化合物具有大的共轭 π 键、特殊的电子性质，它的光稳定性、大的可见光消光系数以及它在电荷转移过程中的特殊作用，使得卟啉化合物在光电领域的应用受到高度的重视。在有机光电器件如发光二极管（organic light-emitting diodes，OLED）、场效应晶体管（organic field-effect transistors，OFET）、太阳能电池（solar cells）等方面的应用研究也广泛开展。四苯基（取代苯基）卟啉金属配合物就是在光电材料方面广泛研究的一类化合物。

血色素

叶绿素a

四苯基卟啉

【目的与要求】

（1）了解卟啉化合物及其金属配合物的合成方法；

（2）掌握薄层色谱监测反应进程的方法；

（3）掌握卟啉化合物和金属配合物的光谱性质及影响因素。

【反应式】

【所需试剂】

苯甲醛（7.8 g，0.073 5 mol，7.5 mL），吡咯（4.85 g，0.072 mol，5.0 mL），丙酸，

甲醇，$CoCl_2 \cdot 6H_2O$，$ZnCl_2$，氯仿，二氯甲烷，N,N-二甲基甲酰胺（DMF）。

【操作步骤】

（1）四苯基卟啉（相对分子质量 614.74）的合成。

在三口圆底烧瓶中加入苯甲醛（7.5 mL，7.8 g，0.073 5 mol）和丙酸（100 mL），加热回流。将吡咯（5.0 mL，4.85 g，0.072 mol）逐滴加入烧瓶中，30 min 加完。继续回流 30 min 后停止反应。待反应液冷却至室温，加入 100 mL 甲醇，抽滤，滤饼依次用甲醇、蒸馏水洗涤至滤液无色，放入干燥箱干燥，得到蓝紫色晶体[1]。产率约 20%。

（2）四苯基卟啉钴的合成。

在圆底烧瓶中，将加入四苯基卟啉（200 mg，0.33 mmol）和 $CoCl_2 \cdot 6H_2O$（300 mg，1.26 mmol）溶于 DMF（100 mL），搅拌溶解后，加热回流。用薄层板监测反应进程，二氯甲烷为展开剂，约 2 h 反应完成。冷却后用氯仿和水萃取，有机相蒸馏除去溶剂后得粗产品。粗产品用硅胶柱层析提纯，二氯甲烷为淋洗液。收集第二条色带，旋转蒸发除去溶剂，得到红棕色四苯基卟啉钴，产率约为 95%。

（3）四苯基卟啉锌的合成。

在圆底烧瓶中，将四苯基卟啉（200 mg，0.33 mmol）溶于 DMF（180 mL）中，再加入 $ZnCl_2$（250 mg，1.8 mmol）[2]搅拌加热，温和回流 60 min[3]。反应结束后，稍冷后，将反应液倒入烧杯中，滴加 40 mL 冷的蒸馏水，产品沉淀析出。将烧杯放到冰浴中继续冷却 10 min。抽滤固体，用少量冷水洗涤固体。产品在空气中干燥后，再放到真空烘箱中在 80 ℃ 干燥 30 min，产率约 70%[4]。

（4）以 DMF 或 CH_2Cl_2 为溶剂，测定四苯基卟啉、四苯基卟啉钴和四苯基卟啉锌的可见光谱和荧光光谱。

【注释】

[1] 一般得到的粗品的纯度符合要求，可以直接进行下一步反应。若有需要，也可以采用硅胶柱层析法进行提纯，将粗产品溶于少量二氯甲烷中，以二氯甲烷为淋洗液，收集第一紫色带，旋转蒸发除去溶剂，真空干燥得紫色晶体。

[2] $ZnCl_2$ 在使用前，在 110 ℃ 烘箱中充分干燥。

[3] 反应过程也可以参照四苯基卟啉钴的合成方法，用薄层色谱监测反应是否完成。

[4] 产品的提纯精制也可以参考四苯基卟啉钴的提纯方法。

【思考题】

（1）除了本实验中用到的合成卟啉环的方法，若想在苯环上引入不同的基团，还有哪些方法？

（2）分析对比四苯基卟啉及其金属配合物的结构与光谱性质的关系，配位金属的外层电子分布对光谱性质有何影响？

附　　录

一、常用酸碱溶液相对密度及质量分数表

1. 盐酸

HCl 质量分数/%	相对密度	100 mL 水溶液中 HCl 质量/g	HCl 质量分数/%	相对密度	100 mL 水溶液中 HCl 质量/g
1	1.003 2	1.003	22	1.108 3	24.38
2	1.008 2	2.006	24	1.118 7	26.85
4	1.018 1	4.007	26	1.129 0	29.35
6	1.027 9	6.167	28	1.139 2	31.90
8	1.037 6	8.301	30	1.149 2	34.48
10	1.047 4	10.47	32	1.159 3	37.10
12	1.057 4	12.69	34	1.169 1	39.75
14	1.067 5	14.95	36	1.178 9	42.44
16	1.077 6	17.24	38	1.188 5	45.16
18	1.087 8	19.53	40	1.198 0	47.92
20	1.098 0	21.96			

2. 硫酸

H_2SO_4 质量分数/%	相对密度	100 mL 水溶液中 H_2SO_4 质量/g	H_2SO_4 质量分数/%	相对密度	100 mL 水溶液中 H_2SO_4 质量/g
1	1.005 1	1.005	30	1.218 5	36.56
2	1.011 8	2.024	35	1.259 9	44.10
3	1.018 4	3.055	40	1.302 8	52.11
4	1.025 0	4.100	45	1.347 6	60.64
5	1.031 7	5.159	50	1.395 1	69.76
10	1.066 1	10.66	55	1.445 3	79.49
15	1.102 0	16.53	60	1.498 3	89.90
20	1.139 4	22.79	65	1.553 3	101.0
25	1.178 3	29.46	70	1.610 5	112.7

续表

H$_2$SO$_4$ 质量分数/%	相对密度	100 mL 水溶液中 H$_2$SO$_4$ 质量/g	H$_2$SO$_4$ 质量分数/%	相对密度	100 mL 水溶液中 H$_2$SO$_4$ 质量/g
75	1.669 2	125.2	94	1.831 2	172.1
80	1.727 2	138.2	95	1.833 7	174.2
85	1.778 6	151.2	96	1.835 5	176.2
90	1.814 4	163.3	97	1.836 4	178.1
91	1.819 5	165.6	98	1.836 1	179.9
92	1.824 0	167.8	99	1.834 2	181.6
93	1.827 9	170.2	100	1.830 5	183.1

3. 硝酸

HNO$_3$ 质量分数/%	相对密度	100 mL 水溶液中 HNO$_3$ 质量/g	HNO$_3$ 质量分数/%	相对密度	100 mL 水溶液中 HNO$_3$ 质量/g
1	1.003 6	1.004	65	1.391 3	90.43
2	1.009 1	2.018	70	1.413 4	98.94
3	1.014 6	3.044	75	1.433 7	107.5
4	1.020 1	4.089	80	1.452 1	116.2
5	1.025 6	5.126	85	1.468 3	124.8
10	1.054 3	10.54	90	1.482 6	133.4
15	1.084 2	16.26	91	1.485 0	135.1
20	1.115 0	22.30	92	1.487 3	136.8
25	1.146 0	28.67	93	1.489 2	138.5
30	1.180 0	35.40	94	1.491 2	140.2
35	1.214 0	42.49	95	1.493 2	141.9
40	1.246 3	49.85	96	1.495 2	143.5
45	1.278 3	57.52	97	1.497 4	145.2
50	1.310 0	65.50	98	1.500 8	147.1
55	1.339 3	73.66	99	1.505 6	149.1
60	1.366 7	82.00	100	1.512 9	151.3

4. 乙酸

CH₃COOH 质量分数/%	相对密度	100 mL 水溶液中 CH₃COOH 质量/g	CH₃COOH 质量分数/%	相对密度	100 mL 水溶液中 CH₃COOH 质量/g
1	0.999 6	0.999 8	65	1.066 6	69.33
2	1.001 2	2.002	70	1.068 5	74.80
3	1.002 5	3.008	75	1.069 6	80.22
4	1.004 0	4.016	80	1.070 0	85.60
5	1.005 5	5.028	85	1.068 9	90.86
10	1.012 5	10.13	90	1.066 1	95.95
15	1.019 5	15.29	91	1.065 2	96.93
20	1.026 3	20.53	92	1.064 3	97.92
25	1.032 6	25.82	93	1.063 2	98.88
30	1.038 4	31.15	94	1.061 9	99.82
35	1.043 8	36.53	95	1.060 5	100.7
40	1.048 8	41.95	96	1.058 8	101.6
45	1.053 4	47.40	97	1.057 0	102.5
50	1.057 5	52.83	98	1.054 9	103.4
55	1.061 1	58.36	99	1.052 4	104.2
60	1.064 2	63.85	100	1.049 8	105.0

5. 氢溴酸

HBr 质量分数/%	相对密度	100 mL 水溶液中 HBr 质量/g	HBr 质量分数/%	相对密度	100 mL 水溶液中 HBr 质量/g
10	1.072 3	10.7	45	1.444 6	65.0
20	1.157 9	23.2	50	1.517 3	75.8
30	1.258 0	37.7	55	1.595 3	87.7
35	1.315 0	46.0	60	1.678 7	100.7
40	1.377 2	56.1	65	1.767 5	114.9

6. 氢碘酸

HI 质量分数/%	相对密度	100 mL 水溶液中 HI 质量/g	HI 质量分数/%	相对密度	100 mL 水溶液中 HI 质量/g
20.77	1.157 8	24.4	56.78	1.699 8	96.6
31.77	1.296 2	41.2	61.97	1.821 8	112.8
42.7	1.448 9	61.9			

7. 发烟硫酸

游离 SO_3 质量分数/%	相对密度	100 mL 水溶液中游离 SO_3 质量/g	游离 SO_3 质量分数/%	相对密度	100 mL 水溶液中游离 SO_3 质量/g
1.54	1.860	2.8	10.07	1.900	19.1
2.66	1.865	5.0	10.56	1.905	20.1
4.28	1.870	8.0	11.43	1.910	21.8
5.44	1.875	10.2	13.33	1.915	25.5
6.42	1.880	12.1	15.95	1.920	30.6
7.29	1.885	13.7	18.67	1.925	35.9
8.16	1.890	15.4	21.34	1.930	41.2
9.43	1.895	17.7	25.65	1.935	49.6

8. 氨水

NH_3 质量分数/%	相对密度	100 mL 水溶液中 NH_3 质量/g	NH_3 质量分数/%	相对密度	100 mL 水溶液中 NH_3 质量/%
1	0.993 9	9.94	16	0.936 2	149.8
2	0.989 5	19.79	18	0.929 5	167.3
4	0.981 1	39.24	20	0.922 9	184.6
6	0.973 0	58.38	22	0.916 4	201.6
8	0.965 1	77.21	24	0.910 1	218.4
10	0.957 5	95.75	26	0.904 0	235.0
12	0.950 1	114.0	28	0.898 0	251.4
14	0.943 0	132.0	30	0.892 0	267.6

9. 氢氧化钠

NaOH 质量分数/%	相对密度	100 mL 水溶液中 NaOH 质量/g	NaOH 质量分数/%	相对密度	100 mL 水溶液中 NaOH 质量/g
1	1.009 5	1.010	26	1.284 8	33.40
2	1.020 7	2.041	28	1.306 4	36.58
4	1.042 8	4.171	30	1.327 9	39.84
6	1.064 8	6.389	32	1.349 0	43.17
8	1.086 9	8.695	34	1.369 6	46.57
10	1.108 9	11.09	36	1.390 0	50.04
12	1.130 9	13.57	38	1.410 1	53.58
14	1.153 0	16.14	40	1.430 0	57.20
16	1.175 1	18.80	42	1.449 4	60.87
18	1.197 2	21.55	44	1.468 5	64.61
20	1.219 1	24.38	46	1.487 3	68.42
22	1.241 1	27.30	48	1.506 5	72.31
24	1.262 9	30.31	50	1.525 3	76.27

10. 氢氧化钾

KOH 质量分数/%	相对密度	100 mL 水溶液中 KOH 质量/g	KOH 质量分数/%	相对密度	100 mL 水溶液中 KOH 质量/g
1	1.008 3	1.008	28	1.269 5	35.55
2	1.017 5	2.035	30	1.290 5	38.72
4	1.035 9	4.144	32	1.311 7	41.97
6	1.054 4	6.326	34	1.333 1	45.33
8	1.073 0	8.584	36	1.354 9	48.78
10	1.091 8	10.92	38	1.376 9	52.32
12	1.110 8	13.33	40	1.399 1	55.93
14	1.129 9	15.82	42	1.421 5	59.70
16	1.149 3	19.70	44	1.443 3	63.55
18	1.168 8	21.04	46	1.467 3	67.50
20	1.188 4	23.77	48	1.490 7	71.55
22	1.208 3	26.58	50	1.514 3	75.72
24	1.228 5	29.48	52	1.538 2	79.99
26	1.248 9	32.47			

11. 碳酸钠

Na₂CO₃ 质量分数/%	相对密度	100 mL 水溶液中 Na₂CO₃ 质量/g	Na₂CO₃ 质量分数/%	相对密度	100 mL 水溶液中 Na₂CO₃ 质量/g
1	1.008 6	1.009	12	1.124 4	13.49
2	1.019 0	2.038	14	1.146 3	16.05
4	1.039 8	4.159	16	1.168 2	18.50
6	1.060 6	6.364	18	1.190 5	21.33
8	1.081 6	8.653	20	1.213 2	24.26
10	1.102 9	11.03			

二、常用酸碱的相对分子质量及浓度

化合物	相对分子质量	相对密度	质量分数/%	摩尔浓度/($mol \cdot L^{-1}$)
HCl	36.5	1.18	37	12
HNO_3	63.0	1.41	70	16
H_2SO_4	98.1	1.84	98	18
H_3PO_4	98.0	1.69	85	14.7
HCOOH	46.0	1.20	90	23.7
CH_3COOH	60.0	1.06	99.7	17.5
NH_4OH	35.0	0.90	29	7.4

三、压力单位对照

压力单位/kPa	压力单位/mmHg	压力单位/kPa	压力单位/mmHg
0.013	0.10	1.463	11.00
0.027	0.20	1.596	12.00
0.040	0.30	1.729	13.00
0.053	0.40	1.862	14.00
0.080	0.60	1.995	15.00
0.107	0.80	2.218	16.00
0.133	1.00	2.261	17.00
0.267	2.00	2.394	18.00
0.400	3.00	2.527	19.00

压力单位/kPa	压力单位/mmHg	压力单位/kPa	压力单位/mmHg
0.533	4.00	2.666	20.00
0.667	5.00	3.999	30.00
0.800	6.00	5.332	40.00
0.931	7.00	6.665	50.00
1.067	8.00	7.998	60.00
1.197	9.00	10.664	80.00
1.333	10.00	13.332	100.00

四、常用有机溶剂的纯化

市售的有机溶剂有工业纯、化学纯和分析纯等各种规格。在有机合成中，通常根据反应特性来选择适宜规格的溶剂，以便使反应顺利进行而又不浪费试剂。但对某些反应来说，对溶剂的纯度要求特别高，即使只有微量有机杂质和痕量水的存在，常常对反应速度和产率也会产生很大的影响，这时就须对溶剂进行纯化。此外，在合成中如需用大量纯度较高的有机溶剂，考虑到分析纯试剂价格高昂，也常常用工业级的普通溶剂自行精制后供实验室使用。

1. 乙醇

由于乙醇和水能形成共沸物，故工业乙醇的质量分数为 95.6%，其中水的质量分数为 4.4%。为了制得纯度较高的乙醇，在实验室中用工业乙醇与氧化钙长时间回流加热，使乙醇中水与氧化钙作用，生成不挥发的氢氧化钙来除去水分。这样制得的乙醇质量分数可达 99.5%，通常称为无水乙醇。如需高度干燥的乙醇，可用金属镁或金属钠将制得的无水乙醇或者用分析纯的无水乙醇（质量分数不少于 99.5%）进一步处理制得绝对乙醇。

$$Mg + 2C_2H_5OH \longrightarrow Mg(OC_2H_5)_2 + H_2$$
$$Mg(OC_2H_5)_2 + 2H_2O \longrightarrow Mg(OH)_2 + 2C_2H_5OH$$

或

$$2Na + 2C_2H_5OH \longrightarrow 2C_2H_5ONa + H_2$$
$$C_2H_5ONa + H_2O \Longleftrightarrow C_2H_5OH + NaOH$$

在用金属钠处理时，由于生成的氢氧化钠和乙醇之间存在平衡，使醇中水不能完全除去，因而必须加入邻苯二甲酸二乙酯或丁二酸二乙酯，通过皂化反应除去反应中生成的氢氧化钠。

$$\text{《}\begin{matrix}COOC_2H_5\\COOC_2H_5\end{matrix} + 2NaOH \longrightarrow \text{《}\begin{matrix}COONa\\COONa\end{matrix} + 2C_2H_5OH$$

（1）无水乙醇（质量分数为 99.5%）的制备：在 250 mL 圆底烧瓶中，加入 100 mL 95% 乙醇和 25 g 生石灰，用塞子塞住瓶口，放置用于下次实验。

下次实验时，拔去塞子，装上回流冷凝管，其上端接一氧化钙干燥管。在水浴上加热回流 2 h，稍冷后，拆去回流冷凝管，改成蒸馏装置。用水浴加热，蒸去前馏分，再用已称量的干燥瓶作接收器，蒸馏至几乎无液滴流出为止。立即用空心塞塞住无水乙醇的瓶口，称重，计算回收率。

（2）绝对乙醇（质量分数99.9%）的制备：

① 用金属镁制备。在100 mL圆底烧瓶中放入0.3 g干燥的镁条（或镁屑），10 mL 99.5%乙醇和几小粒碘，用热水浴温热（注意此时不要振摇）回流，不久镁在碘的周围发生反应，观察到碘棕色减退，镁周围变浑浊，并伴随着氢气的放出。随着反应的扩大，碘的颜色逐渐消失，有时反应可以相当激烈。待反应稍缓和后，继续加热使镁基本上反应完毕。然后加入40 mL 99.5%乙醇和几粒沸石，加热回流0.5 h。改成蒸馏装置。之后操作同（1）。

② 用金属钠制备。在100 mL圆底烧瓶中放入1 g金属钠和50 mL 99.5%乙醇，加入几粒沸石，加热回流0.5 h，然后加入2 g邻苯二甲酸二乙酯，再回流10 min。之后操作同（1）。

纯乙醇的沸点为78.5 ℃；折射率n_D^{20}为1.361 1；相对密度为0.789 3。

附注：

（1）本实验中所用仪器必须绝对干燥。由于无水乙醇具有很强的吸水性，故操作过程中和存放时必须防止水分侵入。

（2）如用空心塞，就必须用手巾纸将瓶口生石灰擦去，否则不易打开。

（3）若不放置，则可适当延长回流时间。

（4）金属钠的称量和处理见附录七。

2. 甲醇

工业甲醇中的主要杂质是水（0.5%～1.0%）和丙酮（0.1%）。由于甲醇和水不能形成共沸物，故可用高效精馏柱将少量水除去，通过这样精制的甲醇质量分数可达99.5%。假如需要除去甲醇中所含少量丙酮，可以应用下面方法：

将500 mL工业甲醇、25 mL呋喃甲醛和60 mL 10%氢氧化钠溶液加热回流6～12 h，然后用分馏柱分馏出无丙酮的甲醇（95%）。呋喃甲醛和丙酮生成树脂状物留在瓶内。

制取高度干燥的甲醇，可将精制得到的99.5%甲醇或分析纯甲醇用镁处理（见绝对乙醇的制备）。

纯甲醇的沸点为64.96 ℃；折射率n_D^{20}为1.328 8；相对密度为0.791 4。

附注：

甲醇对视神经有较大的毒害作用，处理时应避免吸入大量蒸气，故操作最好在通风橱中进行。

3. 乙醚

普通乙醚中含有少量水和乙醇，在保存乙醚期间，由于与空气接触和光的照射，通常除了上述杂质外，还有二乙基过氧化物（$(C_2H_5)_2O_2$）。这对于要求用无水乙醚作溶剂的反应（如Grignard反应），不仅影响反应，且易发生危险。因此，在制备无水乙醚时，首先需检验有无过氧化物存在，为此，取少量乙醚与等体积的2%碘化钾溶液，再加入几滴稀盐酸一起振摇，振摇后的溶液若能使淀粉显蓝色，即证明有过氧化物存在。此时应按下述步骤处理：

在分液漏斗中加入普通乙醚，再加入相当于乙醚体积1/5的新配制的硫酸亚铁溶液，剧烈摇动后分去水层。醚层在干燥瓶中用无水氯化钙干燥，间隙振摇，放置24 h，这样可除去大部分水和乙醇。蒸馏收集34～35 ℃馏分，在收集瓶中压入钠丝，然后用带有氯化钙干燥管的软木塞塞住，或者在木塞中插入一端拉成毛细管的玻璃管，这样可以使产生的气体逸出，并可防止潮气侵入。放置 24 h 以上，待乙醚中残留的痕量水和乙醇转化为氢氧化钠和乙醇钠后，才能使用。

纯乙醚的沸点为 34.51 ℃；折射率 n_D^{20} 为 1.352 6；相对密度为 0.713 78。

附注：

（1）硫酸亚铁溶液的配制：在 55 mL 水中加入 3 mL 浓硫酸，然后加入 30 g 硫酸亚铁，溶液必须在使用时配制，如放置过久，易氧化变质。

（2）乙醚沸点低，极易挥发，严禁用明火加热，可用事先准备好的热水浴加热，或者用变压器调节的电热锅加热。尾气出口通入水槽，以免乙醚蒸气散发到空气中。由于乙醚蒸气比空气密度大（约为空气的 2.5 倍），容易聚集在桌面附近或低洼处。当空气中含有 1.85% ~36.5% 的乙醚蒸气时，遇火即会发生燃烧爆炸，因此在蒸馏过程中必须严格遵守操作规程。

4. 四氢呋喃

四氢呋喃常常在 Grignard 反应和氢化铝锂的还原中用来代替乙醚作溶剂。普通的四氢呋喃中含有少量的水和过氧化物。如果有过氧化物存在，必须按乙醚中所述方法用硫酸亚铁溶液洗涤。然后用无水硫酸钙或固体氢氧化钾干燥。干燥后的四氢呋喃与氢化铝锂（通常 500 mL 四氢呋喃加 2 g 氢化铝锂）在隔绝潮气下加热回流 1 ~ 2 h。蒸馏收集 65 ~ 66 ℃ 的馏分。

纯四氢呋喃的沸点为 67（64.5）℃；折射率 n_D^{20} 为 1.405 0；相对密度为 0.889 2。

附注：

曾有过报道，含过氧化物的 THF 用固体氢氧化钾或用浓氢氧化钾溶液处理时，可能会发生爆炸。

5. 二氧六环

普通二氧六环中含有少量乙醛、缩醛（H₃CHC〔结构式〕）。在保存时，缩醛水解产生乙醛，游离的乙醛会导致过氧化物的生成。通常用下列方法精制：

在 500 mL 二氧六环中加入 7 mL 浓盐酸和 50 mL 水，在通风橱中加热回流 12 h，回流时缓慢地将氮气通入溶液以除去乙醛。待溶液冷却后，加入粒状氢氧化钾直至不再溶解。分去水层，在有机层中再加入粒状氢氧化钾振摇除去痕量水。将有机层放入干燥的圆底烧瓶中，加入金属钠加热回流 10 ~ 12 h，使金属钠最终保持光亮，如果不是这样，可以再加入金属钠，以同样方式处理。最后蒸馏收集 101 ℃ 馏分。

纯二氧六环的沸点为 101 ℃/750 mmHg；折射率 n_D^{20} 为 1.422 4；相对密度为 1.033 7。

6. 氯仿

普通用的氯仿中含有质量分数为 1% 的乙醇，这是为了防止氯仿分解为有毒的光气，作为稳定剂加入氯仿中的。为了除去乙醇，可将氯仿与为其一半体积的水在分液漏斗中振荡数次，然后分出下层氯仿，用无水氯化钙或无水碳酸钾干燥。

另一种提纯法是将氯仿与少量浓硫酸一起振摇数次。每 500 mL 氯仿约用 25 mL 硫酸洗涤，分去酸层后，用水洗涤，干燥后蒸馏。

注意：除去乙醇的无水氯仿必须保存在棕色瓶中，并放于柜中，以免在光的照射下产生光气。氯仿绝对不能用金属钠来干燥，否则会发生爆炸。

纯氯仿的沸点为 61.7 ℃；折射率 n_D^{20} 为 1.445 9；相对密度为 1.483 2。

7. 二氯甲烷

使用二氯甲烷比氯仿安全，因此常常用它来代替氯仿作为比水重的物质的萃取介质。普通的二氯甲烷一般都能直接作萃取剂用。如需纯化，可用 5% 的碳酸钠溶液洗涤，再用水洗涤，然后用无水氯化钙干燥，蒸馏收集 40~41 ℃的馏分。

纯二氯甲烷的沸点为 40 ℃；折射率 n_D^{20} 为 1.424 2；相对密度为 1.326 6。

8. 丙酮

普通丙酮中常含有少量水及甲醇、乙醛等还原性杂质，分析纯的丙酮中即使有机杂质已少于 0.1%，水的质量分数仍达 1%。它的纯化采用如下方法：

在 500 mL 丙酮中加入 2~3 g 高锰酸钾加热回流，以除去少量还原性杂质。若高锰酸钾紫色很快消失，则需再加入少量高锰酸钾继续回流，直至紫色不再消失为止。蒸出丙酮，然后用无水碳酸钾和无水碳酸钙干燥，蒸馏收集 56~57 ℃馏分。

纯丙酮的沸点为 56.2 ℃；折射率 n_D^{20} 为 1.358 8；相对密度为 0.789 9。

9. 二甲亚砜（DMSO）

二甲亚砜是能与水互溶的高极性非质子溶剂，因而广泛用作有机反应和光谱分析的试剂。它易吸潮，常压蒸馏时还会有些分解。若要制备无水二甲亚砜，可以用活性氧化铝、氧化钡或硫酸钙干燥过夜。然后滤去干燥剂，在减压下蒸馏收集（75~76 ℃）/12 mmHg 或（85~87 ℃）/20 mmHg 的馏分，放入分子筛储存待用。

纯二甲亚砜的沸点为 189 ℃；折射率 n_D^{20} 为 1.477 0；相对密度为 1.101 4。

10. N,N–二甲基甲酰胺（DMF）

普通的 N,N–二甲基甲酰胺中含有少量的水、胺和甲醛等杂质。在常压蒸馏时有些分解，产生二甲胺和一氧化碳。若有酸或碱存在时，分解加快，如用固体氢氧化钾或氢氧化钠干燥数小时，会发生部分分解。因此它的提纯最好使用硫酸钙、硫酸镁、氧化钡、硅胶或分子筛干燥。然后减压蒸馏收集 76 ℃/39 mmHg 的馏分。精制后的 N,N–二甲基甲酰胺最好放入分子筛后保存。

纯的 N,N–二甲基甲酰胺沸点为 149~156 ℃；折射率 n_D^{20} 为 1.430 5；相对密度为 0.941 7。

11. 吡啶

分析纯吡啶的纯度大于 99.5%，已可供一般使用。如要制得无水吡啶，可与粒状氢氧化钠一起加热回流，然后在隔绝潮气下蒸馏。无水吡啶吸水性很强，最好将精制后的吡啶放入粒状氢氧化钾保存。

纯吡啶的沸点为 115.5 ℃；折射率 n_D^{20} 为 1.509 5；相对密度为 0.981 9。

附注：

吡啶具有恶臭，全部操作必须在通风橱中进行，尾气出口通入水槽。

12. 石油醚

石油醚是低相对分子质量的烃类混合物，常用的有沸程为 30~60 ℃、60~90 ℃和 90~120 ℃等规格。石油醚中主要成分为戊烷、己烷和庚烷。此外，还有少量不饱和烃（主要为芳香烃）。为了除去这些杂质，通常采用如下方法提纯：

在分液漏斗中将石油醚用其体积分数为 10% 的浓硫酸振摇 2~3 次，除去大部分不饱和烃。然后在 10% 硫酸中配制成的高锰酸钾饱和溶液洗涤，直至水层中紫色不再消失为止。再用水洗涤，经无水氯化钙干燥后蒸馏。若需要绝对干燥的石油醚，则可压入钠丝（见乙醚纯化）。

13. 苯

分析纯的苯通常可供直接使用。假如需要无水苯，则可用无水氯化钙干燥过夜，过滤后，压入钠丝（见乙醚）。普通苯中噻吩（沸点 84 ℃）为主要杂质，为了制得无水无噻吩苯，可用下列方法精制：

在分液漏斗中将苯与相当于苯体积分数 10% 的浓硫酸一起振摇，弃去底层酸液，再加入新的浓硫酸，这样重复操作直至酸层呈现无色或淡黄色，且检验无噻吩存在为止。苯层依次用水、10% 碳酸钠溶液、水洗涤，经氯化钙干燥后蒸馏，收集 80 ℃ 的馏分，压入钠丝（见乙醚）保存待用。

噻吩的检验：取 5 滴苯于小试管中，加入 5 滴浓硫酸及 1~2 滴 1% 靛红的浓硫酸溶液，振摇片刻，如呈墨绿色或蓝色，则表示有噻吩存在。

纯苯的沸点为 80.1 ℃；折射率 n_D^{20} 为 1.501 1；相对密度为 0.878 65。

14. 乙酸乙酯

分析纯的乙酸乙酯质量分数为 99.5%，可供一般使用。工业乙酸乙酯质量分数为 95%~98%，含有少量水、乙醇和乙酸，可用下列方法提纯：

于 1 000 mL 乙酸乙酯中加入 100 mL 乙酸酐和 10 滴浓硫酸，加热回流 4 h，以除去水和乙醇。然后进行分馏，收集 76~77 ℃ 的馏分，馏分用 20~30 g 无水碳酸钾振荡，过滤后再蒸馏。收集产物沸点为 77 ℃，纯度达 99.7%。

纯乙酸乙酯的沸点为 77.06 ℃；折射率 n_D^{20} 为 1.372 3；相对密度为 0.900 3。

五、常用有机溶剂中、英文对照及性质表

溶　　剂		熔点/℃	沸点/℃	折射率	相对密度	在水中的溶解度/ $[g \cdot (100\ mL)^{-1}]$	偶极矩 μ	介电常数 ε
烃								
正戊烷（易燃）	n-Pentane	-130	36	1.358 0	0.626	0.036	0	1.84
正己烷（易燃）	n-Hexane	-100	69	1.374 8	0.659	不溶	0	1.89
环己烷（易燃）	Cyclohexane	6.5	81	1.425 5	0.779	不溶	0	2.02
正庚烷（易燃）	n-Heptane	-91	98	1.387 0	0.684	不溶	0	1.98
甲基环己烷（易燃）	Methylcyclohexane	-126	101	1.422 2	0.77	不溶	0	2.02
苯（易燃，毒）	Benzene	5.5	80	1.500 7	0.879	0.5	0	2.28
甲苯（易燃）	Toluene	-93	111	1.496 3	0.865	微溶	0.4	2.38

溶　剂		熔点/℃	沸点/℃	折射率	相对密度	在水中的溶解度/[g·(100 mL)⁻¹]	偶极矩 μ	介电常数 ε
邻二甲苯（易燃）	o-Xylene	−24	144	1.504 8	0.897	不溶	0.6	2.57
乙苯（易燃）	Ethylbenzene	−95	136	1.495 2	0.867	不溶	0.6	2.41
对二甲苯（易燃）	p-Xylene	12	138	1.495 4	0.866	不溶	0	2.27
醚								
乙醚（易燃）	Diethyl ether	−116	35	1.350 6	0.715	7	1.2	4.34
四氢呋喃（易燃）	Tetrahydrofuran（THF）	−108	66	1.407 0	0.887	混溶	1.6	7.32
乙二醇二乙醚（易燃）	ethylene glycol diethyl ether	−69	85	1.379 0	0.867	混溶	—	—
乙二醇单甲醚	2-methoxy ethanol	−85	125		0.96	混溶		16.9
二氧六环	Dioxane	12	101	1.420 6	1.034	混溶	0	2.21
二正丁醚（易燃）	Dibutyl ether	−98	142	1.398 8	0.764	不溶	—	—
苯甲醚	Anisole	−31	154	1.516 0	0.995	不溶	1.4	4.33
二乙二醇二甲醚	Diglyme	−64	162	1.407 3	0.937	混溶	—	—
卤代烃								
二氯甲烷	Dichloromethane	−97	40	1.424 0	1.325	2	1.6	8.9
氯仿（毒）	Chloroform	−63	61	1.445 3	1.492	0.5	1.9	4.7
四氯化碳（毒）	Carbon tetrachloride	−23	77	1.459 5	1.594	0.025	0	2.23
1,2-二氯乙烷	1,2-Dichlor-oethane	−35	83	1.443 8	1.256	0.9	2.1	10
氯苯	Chlorobenzene	−46	132	1.523 6	1.106	不溶	1.7	5.62
邻二氯苯	1,2-Dichlorobenzene	−17	178	1.550 4	1.305	不溶	2.5	9.93
醇								
甲醇	Methanol	−98	65	1.328 0	0.791	混溶	1.7	32.6
乙醇（95%）	Ethanol	—	78.2	—	0.816	混溶	—	—
无水乙醇	Ethanol	−130	78.5	1.361	0.798	混溶	1.7	24.3
异丙醇	i-Propanol	−90	82	1.377 0	0.785	混溶	1.7	18.3
正丙醇	n-Propanol	−127	97	1.384 0	0.804	混溶	1.7	20.1
叔丁醇	t-Butanol	25	83	1.386 0	0.786	混溶	1.7	10.9
正丁醇	n-Butanol	−90	118	1.398 5	0.810	9.1	1.7	17.1
2-甲氧基乙醇（毒）	2-Methoxyethanol	−85	124	1.402 0	0.965	混溶	2.2	16.0

续表

溶　剂		熔点 /℃	沸点 /℃	折射率	相对密度	在水中的溶解度/ $[g \cdot (100\ mL)^{-1}]$	偶极矩 μ	介电常数 ε
2 - 乙氧基乙醇	2-Eyhoxyethanol	-90	135	1.406 8	0.930	混溶	2.1	—
乙二醇（毒）	Ethylene glycol	-13	198	1.431 0	1.113	混溶	2.3	37.7
非质子极性溶剂								
丙酮（易燃）	Acetone	-94	56	1.358 4	0.791	混溶	2.9	20.7
乙腈（易燃，毒）	Acetonitrile	-48	81	1.344 0	0.786	混溶	3.94	36.2
硝基乙烷	Nitroethane	-29	101	1.382 0	1.137	9.1	3.46	38.6
二甲基甲酰胺	Dimethyl formamide （DMF）	-61	153	1.430 5	0.944	混溶	3.7	36.7
二甲亚砜	Dimethyl sulfoxide （DMSO）	18	189	1.478 0	1.101	混溶	3.96	47
甲酰胺	Formamide	2	210	1.444 0	1.134	混溶	3.7	110
六甲基磷酰三胺（毒）	Hexamethylphosphoramide （HMPA, HMPT）	7	230	1.457 9	1.030	混溶	—	—
N,N-二甲基乙酰胺	N,N-Dimethyl-acetamide	-20	165	1.437 5	0.937	混溶	3.8	37.8
环丁砜	Tetramethylene sulfone	27	285	1.484 0	1.261	混溶	4.7	44
其他								
二硫化碳（易燃，毒）	Carbon Disulfide	-112	46	1.627 0	1.266	0.3	0	2.64
乙酸乙酯（易燃）	Ethyl acetate	-84	76	1.372 0	0.902	10	1.8	6
丁酮	Methyl ethyl ketone	-86	80	1.378 0	0.805	2.5	2.5	18.5
水	Water	0	100	1.330	1.000	—	1.8	81.5
甲酸	Formic acid	8.5	101	1.372 1	1.220	混溶	1.41	58
吡啶	Pyridine	-42	115	1.509 0	0.978	混溶	2.19	12.3
乙酸	Acetic acid	16	117	1.372 0	1.049	混溶	1.7	6.2
硝基苯（毒）	Nitrobenzene	5	210	1.551 3	1.204	0.2	4.01	35

六、常见有机化合物的物理常数

物质名称		相对分子质量	熔点/℃	沸点/℃	密度/（g·cm⁻³）
环己烯	Cyclohexene	82.15	-103.5	83.0	0.810 2
环戊二烯	Cyclopentadiene	66.10	-97.2	40.0	0.802 1
正溴丁烷	*n*-Butyl bromide	137.02	-112.4	90.7	1.275 8
1,3,5-三甲基苯	1,3,5-trimethyl benzene	120.0	-45	165	0.87
溴苯	Bromobenzene	157.01	-30.0	156.43	1.495 0
氯化苄	Benzyl chloride	126.59	-39.0	179.3	1.100 2
异戊醇	Isopentyl alcohol	88.15	-117.2	128.5	0.809 2
环己醇	Cyclohexanol	100.16	25.1	161.1	0.962 4
苯甲醇	phenylmethanol	108.14	-15.3	205.3	1.041 9
苯甲醛	Benzaldehyde	106.12	-26	178.62	1.041 5
环己酮	Cyclohexanone	98.14	-16.4	155.6	0.947 8
三氟乙酸	Trifluoroacetic acid	114	-15	114	1.49
苯甲酸	Benzoic acid	122.12	122.13	249.13	1.074 9
肉桂酸	Cinnamic acid	148.16	135~136	300	1.247 5
水杨酸	Salicylic acid	138.12	158	211	1.265 9
乙酸正丁酯	Butyl acetate	116.16	-77.9	126.5	0.882 5
苯甲酸乙酯	Ethyl benzoate	150.18	-34.6	213.87	1.046 8
乙酸酐	Acetic anhydride	102	-73	140	1.08
马来酸酐	Maleic anhydride	98.06	60.0	197~199	1.314
三乙胺	Triethylamine	101	-115	90	0.73
苯胺	Aniline	93.13	-6.3	184.68	1.021 7
邻硝基苯胺	*o*-Nitroaniline	138.13	71.5	284	1.442
对硝基苯胺	*p*-Nitroaniline	138.13	148~9	331.7	1.424
N,N-二甲基苯胺	N,N-dimethylaniline	121.18	2.45	194.77	0.955 7

七、锂、钠和钾的使用及处理

锂的熔点为 180.5 ℃，密度为 0.53 g/cm³。钠的熔点为 97.8 ℃，密度为 0.97 g/cm³。钾的熔点为 63.6 ℃，密度为 0.86 g/cm³。

锂、钠和钾是最软的金属，并具有低的熔融温度，这些金属的熔点有规则地随原子序数的增加而降低，硬度也随着原子序数的增加而下降。锂虽能用刀切割，但较困难。它们都是非常活泼的碱金属，在空气中极易氧化。

$$4Na + O_2 \longrightarrow 2Na_2O$$

$$2Na + 2H_2O \longrightarrow 2NaOH + \underbrace{H_2 + 热量}_{点燃}$$

这些碱金属都能与水剧烈作用，并伴随着大量热量放出，使释放出来的氢气点燃发出爆鸣声。因此，在处理这些碱金属时，必须绝对避免与水接触。

这些碱金属与醇作用的剧烈程度略有降低，其反应速度随着醇中烃链的增长而减慢。因此金属钠可直接加入乙醇中生成乙醇钠，反应中放出的热量足以使乙醇沸腾，因而需分批加入钠，或在将反应瓶冷却条件下加钠，这样可使反应不过于激烈。

$$2CH_3CH_2OH + 2Na \longrightarrow 2CH_3CH_2ONa + H_2$$

$$2H_3C-\underset{\underset{CH_3}{|}}{\overset{\overset{CH_3}{|}}{C}}-OH + 2K \longrightarrow 2H_3C-\underset{\underset{CH_3}{|}}{\overset{\overset{CH_3}{|}}{C}}-OK + H_2$$

乙醇钠和叔丁醇钾都是强碱，通常在有机合成中作为碱催化剂。

1. 锂、钠和钾的储存

新鲜切割的金属锂、钠和钾易与空气中的潮气和氧作用，在金属表面形成了由氧化物和氢氧化物组成的氧化层，使金属表面立即失去光泽而呈暗灰色。为防止生成厚厚的氧化层，必须将锂、钠和钾储存于高沸点的惰性溶剂（如二甲苯、煤油和矿物油）中。钠和钾通常呈块状储存于溶剂油中。

2. 锂、钠和钾的切割和称量

在50 mL烧杯中加入25 mL无水二甲苯，将盛有二甲苯的烧杯在台秤上称量。用镊子取出块状钠放于培养皿上，用手巾纸揩去溶剂油，用小刀切去表面的硬皮，得到表面银光亮泽的钠，迅速将其放入盛有二甲苯的烧杯中。待钠快到达所需质量时，可切成小块加入，直至到达所需质量的钠。然后将多余的钠放回储存瓶中。为了加快反应速度，通常将烧杯中的钠在二甲苯覆盖下用小刀切成小块，最后，一次用镊子取出小块钠，揩去二甲苯，不断投入反应瓶中。

钾的切割和称量与钠的相同。

锂常常以丝的形式储存于溶剂油中，单位长度的质量是已知的，只需按所需质量切割相应长度的锂丝即可。

3. 锂、钠和钾的后处理

称好金属钠后，在切割钠的培养皿中放入乙醇分解残余钠屑。将擦钠的手巾纸和小刀放入烧杯中，在纸上倒入少量乙醇，待作用完毕后才能倒入废液缸中。切勿将钠皮直接倒入废液缸中，以免引起燃烧爆炸事故。

锂和钾的后处理与钠的后处理一样。

参 考 文 献

[1] 兰州大学，复旦大学有机化学教研室. 有机化学实验 [M]. 2 版. 北京：高等教育出版社，1994.

[2] 关烨第，葛树丰，李翠娟，等. 小量–半微量有机化学实验 [M]. 北京：北京大学出版社，1999.

[3] 王兴涌，尹文萱，高宏峰. 有机化学实验 [M]. 北京：科学出版社，2001.

[4] 李兆陇，阴金香，林天舒. 有机化学实验 [M]. 北京：清华大学出版社，2001.

[5] 张毓凡，曹玉蓉，冯霄，等. 有机化学实验 [M]. 天津：南开大学出版社，1999.

[6] 焦家俊. 有机化学实验 [M]. 上海：上海交通大学出版社，2000.

[7] 高占先，于丽梅. 有机化学实验 [M]. 北京：高等教育出版社，2016.

[8] 季萍，薛思佳，Larry Olson. 有机化学实验 [M]. 北京：科学出版社，2005.

[9] 查正根，等. 有机化学实验 [M]. 合肥：中国科学技术大学出版社，2010.

[10] Christopher S Callam, Todd L Lowary. Suzuki cross – coupling reaction：Sythesis of unsymmetrical biaryls in the organic laboratory [J]. J Chem Edu, 2001, 78 (7), 947 – 948.

[11] 张韶光，张文雄. 构建复杂有机分子的有力工具——2010 年诺贝尔化学奖简述 [J]. 大学化学，2010，25 (6)，1 – 5.

[12] Alexandra Orchard, Roxanne V Maniquis, Nicholas T Salzameda. Synthesis of Methyl Cyclopentanecarboxylate：A Laboratory Experience in Carbon Rearrangement [J]. J Chem Educ, 2016, 93 (8), 1460 – 1463.

[13] Holly D Bendorf, Gricelda Arredondo. Reduction of Vanillin Isobutyrate：An Infrared Spectroscopy Structure Determination Experiment [J]. J Chem Educ, 2023, 100 (5), 2003 – 2008.

[14] Laura Saucedo, Larry M Mink. Microscale Synthesis and ^{1}H NMR Analysis of Zn^{II} and Ni^{II} Tetraphenylporphyrins [J]. J Chem Educ, 1996, 73 (12), 1188 – 1190.